湖北省哲学社会科学重大项目（22ZD084）
武汉纺织大学校基金项目阶段性成果

湖北省公益学术著作
Hubei Special Funds 出版专项资金
for Academic and Public-interest
Publications

中华凤文化研究书系

主编 刘玉堂 副主编 庞进

凤与中国服饰

郭丰秋 赵艾茜 著

长江出版传媒 | 湖北教育出版社

图书在版编目（CIP）数据

凤与中国服饰/郭丰秋，赵艾茜著. --武汉：湖北教育出版社，2024. 6

（中华凤文化研究书系/刘玉堂主编）

ISBN 978-7-5564-5491-4

Ⅰ. ①凤… Ⅱ. ①郭… ②赵… Ⅲ. ①中华文化—关系—服饰文化—研究—中国 Ⅳ. ①TS941. 12②K203

中国国家版本馆 CIP 数据核字（2024）第 111527 号

凤与中国服饰

出 品 人	方 平	策　　划	刘 艺 李作君
责任编辑	朱思思	责任校对	李庆华
封面设计	李 枫 张岑玥	责任督印	刘牧原

出版发行	长江出版传媒	430070 武汉市雄楚大道 268 号
	湖北教育出版社	430070 武汉市雄楚大道 268 号
经　　销	新 华 书 店	
网　　址	http://www.hbedup.com	
印　　刷	武汉市新华印刷有限责任公司	
地　　址	武汉市江夏区大桥新区邢远长街 18 号	
开　　本	710mm×1000mm 1/16	
印　　张	14.5	
字　　数	174 千字	
版　　次	2024 年 6 月第 1 版	
印　　次	2024 年 6 月第 1 次印刷	
书　　号	ISBN 978-7-5564-5491-4	
定　　价	65.00 元	

总　序

20 世纪 70 年代后期，歌曲《龙的传人》瞬间风靡大江南北、海峡两岸，令海内外中华儿女心旌摇荡、热血沸腾！然而，人们何曾想过，历史的真实却出人意料：中华民族不只是龙的传人，也是凤的传人，龙与凤都是中华民族和中华文化的象征，理应同享殊荣，不宜扬此而抑彼。

根据现已获取的信息，崇凤之俗似乎早于崇龙之俗。在浙江余姚河姆渡文化遗址出土的一块象牙上，雕刻着两只交体的凤，彼此仰首回眸相视，其间是一轮喷薄而出的太阳，这是迄今所见最早的双凤朝阳图。河姆渡文化时代为新石器时代早期，距今约 7000 年，与出土“黄河第一龙”的河南濮阳西水坡遗址和“长江第一龙”的湖北黄梅焦墩遗址相比，要早千年左右。

无独有偶，位于长江中游的湖北天门石家河文化遗址，出土了一件环形玉雕凤，其构思之奇巧和造型之精美，在已知原始时代的凤鸟形象中罕有其匹。石家河文化遗址的年代为新石器时代晚期，其主人是楚国土著先民三苗遗裔，从石家河文化主人的崇凤情结，方知楚地崇凤之俗由来已久！

夏朝是否崇凤，尚难定论。商朝和周朝崇凤，则是不争的事实。商代晚期和西周早期，凤始终是青铜器纹饰中最闪亮的角色。从东周起，伴随着南北文化的交流激荡，龙与凤开始各擅胜场，前者成为权威和尊严的表征，后者变成才艺和吉祥的标识。

人类文明的“轴心时代”，正值楚人的信史时代春秋战国时期，先民的图腾只留下朦胧的印记，但仍然不乏图腾的象征作用和神秘意味。在楚人的潜意识里，尊崇凤，就是尊崇自己的祖先；钟爱凤，就是钟爱自己这个民族。在楚国出土文物中，凤的图像和雕像比比皆是，远非同期其他各国文物可以比肩。这些凤的形象虽千姿百态，纷华照眼，但无一不显得雍容华贵，英武伟岸。楚人以为只有在凤的导引下，人的灵魂才得以周流八极，飞登九天！

“秦王扫六合，虎视何雄哉！”以公元前 221 年秦王朝建立为界线，此前是凤与龙相比由更为风光到难分轩轾，此后是凤与龙的地位此降而彼升。龙在先民崇拜的诸多灵物中升到至尊至神的地位，在长达 2100 多年的岁月中，龙一直是帝制和皇权的标志。辛亥革命结束了帝制，但龙的威仪和神圣依然存在，中华民族的崇龙情结仍未消减，于是，龙又成为民族和文化的象征，凤则悄然退居次席，似乎无缘与龙相提并论了。

其实，这是历史的误会，在民族与文化的象征上，凤与龙理应平分秋色，正如闻一多先生所言：“龙凤是天生的一对！”

正是因为凤的地位如此特殊而际遇又异常曲折，为凤正名的呼声一直不绝于耳。而我们萌生编撰“中华凤文化研究书系”的初衷，并非完全出于为凤之不平而鸣，更主要的考量是凤文化非同寻常的人文内涵。

传世文献和出土文物所提供的资料告诉我们：凤文化是一种具有丰富人文内涵的文化形态，在文学、美术、乐舞、建筑、园林、器用、服饰等领域都不乏精彩呈现，深深地渗透于中国社会的各个层面，放射出璀璨夺目的人文光辉。

尊重传统是凤文化人文内涵的精神底色。凤文化对传统的尊重突出体现在信仰、礼仪、道德、风尚等诸多方面，这是对中华民族慎终追远情愫的赓续，也是对中华文化念祖怀乡精神的传扬。

崇尚美德是凤文化人文内涵的品格标志。凤文化倡导人们追慕诸如仁爱、正义、诚信、孝亲等嘉德懿行，代表着人类共同的理想境界，既涵润着公民的道德修养，又助长了社会的文明风尚。

推崇友善是凤文化人文内涵的人性认知。凤文化认为人类一方面要提升和完善自我修为，另一方面也要懂得体谅和宽恕他人，凤文化中不少文化符号和艺术形式，充分流露出对人性友善的赞美和期许。

追求和谐是凤文化人文内涵的价值取向。凤文化追求个人心灵与肉体之间、人与人之间、人与社会之间的和谐，无论是传世文献对凤的描述，还是出土文物对凤的展示，都体现出凤文化对和谐执着而热烈的追求。

敬畏自然是凤文化人文内涵的科学理念。凤文化尤为注重人与自然的关系，讲求尊重自然、呵护自然、调适自然、因借自然，真正做到人与自然和合共生，凤文化中许许多多的艺术形象，生动地表达了对自然的敬畏和礼赞。

凤文化深邃而独特的人文内涵，宛如生生不息的文脉、血脉和根脉。其文脉贯注于文化创造中，血脉激活于生命智慧里，根脉滋养于公序良俗间，历千年而不绝，亘万古而长新，对凤文化进行系统而深入的研究，成为一道神秘而曼妙的诱人风景。

研究凤文化有助于把握中国历史文化的演进轨迹。凤文化源远流长，博大精深，是中国传统文化的菁华元素，对凤文化流变的精细考察，就是对中国历史文化发展脉络的精心梳理。

研究凤文化有助于弘扬中华文化精神。中华文化精神是中华民族人文精神和价值观念的综合体现，而凤文化精神则是中华文化精神的重要基因，研究凤文化，无疑是弘扬中华文化精神的题中应有之义。

研究凤文化有助于促进文化认同。凤文化作为中华传统文化的一部分，具有强烈的文化认同感，通过对凤文化的研究和传承，可以增强中华民族的向心力和凝聚力，坚定文化自信和文化自强。

研究凤文化有助于推动不同文化间的交流互鉴。凤文化作为一种具有特殊意义的文化形态，对于推动不同国家和地区间的文化交融互摄，具有春雨润物般的功能。

研究凤文化有助于增强审美意识。凤文化涵盖了广泛的艺术形式，如绘画、雕塑、书法、音乐、舞蹈、戏剧、曲艺、织绣、工艺等，对凤文化进行研究，可以更好地理解和欣赏这些艺术形式的美学意蕴，拓展人们的艺术视野和审美空间。

研究凤文化有助于保护文化遗产。凤文化本身就融入中华文化遗产的肌理之中，通过对凤文化这一独具特色且无可替代的文化遗产的保护研究，可以更好地传承、弘扬中华文化遗产，维护中华文化的多样性和独特性。

综上以观，凤文化研究是历史与时代赋予的光荣使命，不能不引起学界的关注和重视。为此，我们策划了这套“中华凤文化研究书系”，选取了与凤文化关系密切的几个选题实施破冰之旅，包括凤与中国文化、凤与中国文学、凤与中国乐舞、凤与中国服饰、凤与中华祥瑞美学和凤与中国民俗等，因这些研究仅仅是开端，此后还将持续推进，以形成系列，故名之曰“书系”。

假定把书系比作新娘，序不过是盖头，人们最想看的不是盖头，而是盖头下欲遮还羞、风姿绰约的新娘，故序宜轻轻掠过，“不带走一片云彩”！

刘玉堂

目录

CONTENTS

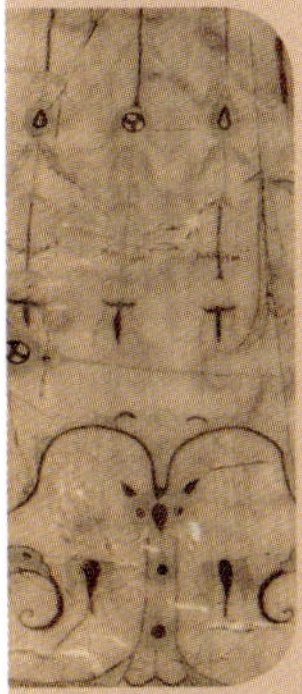

绪 论

关于服饰的起源，学界有诸多说法，概括而言，有保护说、吸引异性说、装饰审美说、象征说等。服饰起源与服饰功能是相伴而生的，人类祖先为了维持和延续生命，创造出的服饰，或充满象征意味的符号，或带有彰显力量和身份的装饰等，从而形成了多姿多彩的服饰。这里探讨的“服饰”，既包括包裹躯干的服装，也囊括了配饰、梳妆用品等与修饰身体相关的物品。中国服饰起源于黄河流域的古代文明，受到农耕经济、以血缘关系为中心的宗法制度和儒家文化的熏陶和浸染．中国古代服饰通过形、色、质、纹、量等符号标识，形成相对稳定的自律性特征和传承的延续性特征，同时具有相当的包容性。于是，我们既可以看到交领深衣，又可以看到圆领长袍；既能领略到冕旒、大带，又能欣赏到幞头、銙带等分别隶属于农耕文明和游牧文明的服装款式、部件或装饰。

中国服饰文化丰富多彩，历史悠久。其中，凤是最传统、最经典的装饰元素。这是因为，在中华民族传统文化中，凤是百鸟之王，象征着吉祥、美丽、爱情等，与龙一道，成为我国民族发祥和文化肇端的符号。在服饰中，凤的形象或矫健多姿，或飘逸窈窕，或绚丽多彩，或清丽优雅，不一而足，体现了古代匠人的精工技艺，承载着先民对生命来源的认知、对美好生活愿景的期盼；体现了社会阶层之间的区隔、民族身份认同和族群归属。时至今日，凤依然活跃在服饰时尚舞台上，成为传播中华优秀文化的一张名片。

然而，当今世界，无人见过翩翩起舞的凤。人们认为，凤是祖先创造的神奇而美丽的形象，它的艺术造型来自现实中多种动物、禽类形象的集合。那么，这个形象为何能够受到如此普遍而持久的欢迎？千百年来，凤的艺术造型和审美特征不断变化，这种变化在服饰上的状况如何？不断丰富而演变的凤文化内涵与服饰文化之间的关系如何？这些是值得深入探讨的问题。

目前，学界关于凤的研究已十分丰富，从研究成果来看，主要分为以下几类：首先，凤的起源和演变。以闻一多的《龙凤》一文开始，学界从考古学和神话学角度，探讨凤的起源，但争论颇多。钱济鄂在《凤凰考》中通过大量历史文献资料，分析凤凰的形态特征、生存条件，认为凤凰是曾经真实存在的生物。此论点引起诸多争论，何新在《诸神的起源》和《说龙谈凤》中对凤凰的各个部位进行分类归纳和考证，指出凤凰的生物学原型可能是鸵鸟。庞进在《凤图腾》中认为，凤的起源与鸡、燕、鹳、鹤、乌、孔雀、鹰等动物崇拜有关。王大有的《龙凤文化源流》《龙凤传人》研究认为，龙凤是自然图腾与艺术图腾发展而来的民族文化连续体。王维堤在《龙凤文化》中则指出，凤的起源与鸟崇拜关系密切，但凤的初始意义并非图腾。笔者认为，凤的起源与鸟类图腾崇拜关系密切。然而，鸟崇拜是多源的，在其他文化中，也存在着鸟崇拜，如古埃及和古希腊的装饰艺术中，可以看到诸多鸟纹图案，但它们比较侧重鸟类的自然形态美。我国传统的凤鸟造型不仅具备鸟类的某些自然特征，还表现出超自然的理想化形式美，反映了丰富多维的文化气质和特征。

其次，从文化学和符号学角度，解读凤文化内涵的演变。王维堤的《龙凤文化》分析了龙凤的原始形象、古代史籍中龙凤递代和文化内涵，但相对简略。王大有在《龙凤文化源流》中，将凤的演化分为三期：玄鸟期、朱雀期和凤凰期。吴艳荣在《中国凤凰——从神坛到人间》中，深入研究了凤凰的形神之变、凤凰的性变、凤凰与祥瑞、凤凰与德才、凤凰与装饰、凤凰与婚姻情爱以及凤文化的当代价值，为本书的撰写提供许多借鉴。许仲林的《符号学视角下的明清龙凤服饰纹样研究》对明清龙凤服饰纹样的演变符号化过程、形式特征、美学特征等进行了简略分析。李伟在《福建畲族“凤凰装”服饰符号的文化语义探析》中，分析了畲族“凤凰装”的形制及其文化象征意义，认为这样的服饰是畲族图腾崇拜的遗存，也是对于姑娘的生殖祝福。

再次，从艺术学的角度，学者分析凤的造型特征、美学特征，以及在现代艺术设计中的应用。沈从文在《龙凤艺术》一文中简要概述了龙凤图案的发展和应用。黄能馥的《龙凤图集》、刘大为的《新龙凤纹样集》、徐华铛的《中国凤凰造型艺术》等多收录了建筑、石刻、木雕、瓷器、绣品上的凤纹图像资料，其目的是为设计人员提供参考，缺乏理论探讨。张振岳、俞敏、崔荣荣在《汉、畲族传统服饰凤纹比较研究》一文中，对汉族、畲族传统服饰凤纹的起源、造型以及承载的社会民俗文化进行比较研究，认为两个民族的凤纹共同起源于东夷族的凤鸟崇拜，但随着社会历史的演变，他们的服饰凤纹造型等日趋不同。胡秋萍在其硕士论文《服饰凤纹研究及其在现代礼服设计中的应用》，简要介绍了历代服饰中的凤纹造型和审美特色，重点探究了凤纹在现代礼服设计中的应用方式和实践结果。值得注意的是，随着跨学科研究方法的流行，徐娟芳、张三元、董占勋撰写的《传统服饰凤纹的文化构成及其典型度》采用文化构成理论方法，提取了凤纹的象征意义和文化内涵词汇 60 个，合并为“尊贵”“典雅”“祥瑞”“瑰丽”“生命力”“恩爱”6 类凤纹寓意语义，对凤纹文化元素部件形式的典型度进行量化。这为现代和仿古服饰设计提供理论和数据支撑，开阔了我们的研究视野。

由上观之，学界对凤的起源和文化内涵的探讨已然十分成熟，为本书的撰写提供了基础，但是，对服饰中凤文化的探讨尚处于碎片化状态，本书从宫廷服饰、民间服饰、婚仪服饰、少数民族服饰、现代服饰类别入手，系统而深入地探讨中国服饰中的凤鸟形象及其在服饰中的功能，以期丰富凤与中国服饰领域的研究。

第一章

中国服饰凤纹流变

在五千多年的服饰发展演变过程中，凤纹一直是装饰的主要母题。凤虽然是人们想象出来的神鸟，然而，不同时代的人们对凤的认识和解读有所不同，导致凤在服饰中的形象不断变化。因此，当我们要了解凤与中国服饰的关系之前，首先应对中国服饰中凤纹的发展脉络进行梳理。这里所说的服饰凤纹包括服装、饰品中的凤纹。凤纹则包括两类：一类是已经被学术界承认的典型凤纹，它们脱离了某个鸟类的外形，具备传统意义上的凤鸟形象和特点。另一类是以鸟的造型为基础，不具备经典凤纹的典型特征，其纹饰名称在学术界尚存在争议，可以被称为鸟，也可以被称为“凤鸟”。笔者以文献和考古资料为依据，认为服饰凤纹流变经历了鸟形纹、朱雀纹和凤凰纹三个时期。

第一节　鸟形纹

服饰凤纹的鸟形纹涵盖了史前至商周时期。在史前时期，氏族部落常常以某个自然物为崇拜对象，人类对太阳的崇拜在世界各地都十分普遍。同时，鸟类因其飞翔能力非人类所及，也容易成为崇拜对象。在中国的史前文化中，太阳和鸟的关系十分密切，因为在当时观念中鸟似乎可以负载着太阳东升西落，因此，在仰韶文化、河姆渡文化、良渚文化出土的器物上，人们发现大量或写实或抽象的鸟纹。凤起初被奉为太阳鸟，其形象也源于现实生活中的鸟类，因此，这些鸟纹的出现，为日后凤的形象和演绎做了铺垫。史前时期的丝织物几乎没有遗留，而玉饰品易于保存，于是，人们能从出土的玉饰品中窥探这个时期的凤鸟形象。

石家河文化中的凤鸟形象逐渐脱离普通鸟类形象，开始向神异方向发展。1955 年，湖北省天门石家河遗址出土了玉凤配饰。该玉凤最大径 4.9 厘米、厚 0.6-0.7 厘米，为“团凤”造型，仍是圆眼勾鼻，但出现了冠，冠向后卷，略展翅，两支长尾卷曲飘逸，以阳线刻画眼、冠及羽翅，尾部有一穿孔，可供系佩。整体看来，这件玉佩造型优美、姿态生动、技艺精湛、栩栩如生，代表了史前中国乃至东亚地区玉器加工工艺的最高水平。另外，同属石家河文化的湖南省澧县孙家岗也出土一件玉凤配饰，这件玉凤长 12.6 厘米、宽 6.2 厘米、厚 0.2 厘米。玉凤头部高冠似羽，曲颈卷尾，长喙略弯，仿佛正展翅欲飞，体型修长，姿态优美，呈现出颇具现代感的 S 形轮廓。从工艺角度看，这件凤形佩通体镂空雕刻，设计巧妙，各部分的造型与线条刚柔相济，形神兼备，造型十分精美。堪称史前凤鸟类题材玉雕中工艺最为复杂和最为华丽的作品。

总体看来，史前时期的服饰配件中，凤在玉器上的造型因地域而异，究其原因，远古时代炎帝苗裔，北迁的以太阳和鹰鹗类为图腾；西迁的以踆乌为图腾，巴蜀称之为“鬼乌”；南迁的则与东夷集团、苗蛮集团融合，以孔雀与鸡类复合为图腾。因而商周时期，特别是春秋战国时期，在南方，凤鸟便为鸡冠状和孔雀花翎状“凤冠”，具有孔雀类长足巨尾及美丽的花翎。[1]龙山文化的玉鹰以鹰为参考，身形虽然短小，却雄壮敦厚，这一形象可能跟巫术活动有关。石家河文化中的玉凤更加优雅，反映了新石器晚期人们对鸟类的感情从崇拜发展到可以亲近的喜爱之情，其功能从最初的图腾和巫术活动转变为审美理念下的装饰。

①王大有：《龙凤文化源流》，北京工艺美术出版社，1988，第141页。

商周时期以血缘为中心的宗法制度，以及与之相适应配套的礼乐制度等逐渐完备，在人们的精神世界里，敬鬼神、拜祖先和阴阳五行天命观十分盛行。出于对玉器的喜爱以及丝织、印染技术的不断发展，这一时期服饰中的凤纹较之史前时代更为丰富。

在商代的甲骨文上，“凤”表现为鸟的形象。学界普遍认为，此时的凤就是商朝统治集团用于神话政权的玄鸟。《史记·殷本纪》记载：“殷契，母曰简狄，有娀氏之女，为帝喾次妃。三人行浴，见玄鸟堕其卵，简狄取吞之，因孕生契。”在商代，玄鸟负载着宗教使命和政治使命。商代统治者需要通过玄鸟来彰显其王权的威严和神秘。商代的青铜礼器一般厚重、雄浑，礼器上的动物纹饰则呈现出夸张、狰狞、可怕的美学风格。即便是轻盈灵巧的玄鸟到了青铜器上，也变得庄严而神秘。究其原因，张光直认为，中国的商周时代是一个巫术时代，“在商周之早期，神话中的动物的功能，是发挥在人的世界与祖先及神的世界之沟通上”，“青铜彝器是巫觋沟通天地所用配备的一部分，而其上所象的动物纹样也有助于这个目的”。[2]孙长初则认为，戴高冠是古代巫师最为明显的标志，凤鸟纹最突出的高冠必定和原始巫术有密切关系，由此指出青铜器上凤鸟纹图像是一种具有沟通天地人神巫术意义的神鸟。[3]

②张光直：《中国青铜时代》，生活·读书·新知三联书店，1983，310、323页。

③孙长初：《商周青铜器凤纹图像研究》，《设计艺术》2005年第4期，第16—18页。

如图1-1所示，安阳殷墟妇好墓中青铜器上的凤纹造型简洁粗犷，凤之胸部发达，长尾卷曲如钩，双目圆瞪，喙如钩，冠如钩，形体矫健刚强，像一只狰狞可怖的猛禽。这种形体的

图 1-1 妇好墓青铜器凤纹手绘图

凤也是一种想象性的神圣怪物，应该是商代晚期的“夔凤”，这种凤的另一个明显特征是一足，从而使夔凤蒙上了一层神秘色彩。

同墓又出土了两件玉佩，其中单玉凤呈黄褐色，长 13.8 厘米、厚 0.8 厘米。凤体是侧首回身状，勾嘴、圆眼，凤首装饰着齿脊状凤冠，短翅长尾，双翅贴于身体两侧，尾和翎分开。胸前有两个孔，中间有一凸起的圆钮，上面有小孔，可以佩带。另外一件龙凤玉佩玉质呈黄褐色，间少许淡绿。整个造型为一凤负有一龙，凤圆眼、尖喙，冠部为瓶形，短尾，身双阴线雕翎纹，一足，下踏云纹。龙“臣”字状目，瓶形角，身尾向上勾卷，饰重回纹、雷纹和鳞纹。此凤纹简单古朴但却富有灵性，通体采用双勾阴线雕刻，线条多为严谨、规矩的直线。

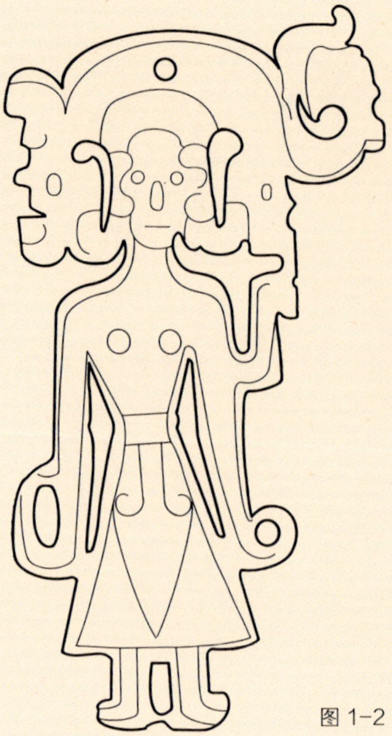

图 1-2 龙凤冠人形玉佩手绘图

该玉佩上的凤纹与妇好墓青铜器上的凤纹作对比后发现，二者在尾羽造型，凤翅花纹上有高度相似之处，这些与妇好墓的玉凤区别甚大，因此，学界对这件玉凤配饰的来源产生了疑问。有的学者认为，该玉凤并非商代玉器，而是石家河文化产物。[①]刘敏认为，妇好墓玉凤与石家河玉凤确有相似之处，但在凤冠雕刻上区别很大，妇好墓玉凤凤冠与当时甲骨文中“凤”字形状以及同时期玉鸟的头冠都极为相似，因此，妇好玉凤确系商人所作，并且是证明商人与周边文化交流的有力证明。[②]笔者更赞同刘敏的说法，单玉凤应是文化的传承和交流融合的产物，龙凤形玉佩应是夔凤在玉器上的表现。商代玉凤配饰上的各种凤冠造型至少说明，这个时期的人们对凤的形象有相对统一的认识，即凤乃神化产物，而非自然界物种。

山东泰安市博物馆收藏的“龙凤冠人形玉佩”（图 1-2）属于西周。人物造型为正面立姿，头戴龙凤冠，凤在左，龙在

①吕建昌：《关于殷墟妇好墓玉凤的归属问题——兼谈楚文化的渊源》，《东南文化》1996 年第 12 期。

②刘敏：《妇好玉凤之归属》，《文物鉴定与鉴赏》2012 年第 8 期，84-87 页。

右。其中，凤首高翘，龙首向下弯曲。关于龙凤冠的指代意义，人们有诸多猜测，有的认为，龙凤交融，体现出情意绵绵的爱情主题。笔者认为，此时的龙凤合体更有可能与当时的宗教宇宙观联系在一起。在殷人那里，凤鸟在天，受天帝驱使，奔走诸方，扶摇而起，伴随大风；龙则根据季节不同，化身为不同形象，其中大蟠龙乃殷人心目中黄泉之龙形象，它在整个冬季幽隐于黑暗的地下水中，对应着黑夜与黄泉。[①]因此，这里的龙凤冠乃殷人天地宇宙观的概括体现。

①李竞恒：《早期中国的龙凤文化》，人民出版社，2018，第60-61页。

西周以来，服饰上的凤纹开始突破商代的规矩，变得活泼起来，不仅出现了以流畅的弧线刻画而成的凤鸟形象，而且逐渐发展为灵活多变的S造型。上海博物馆藏西周片雕龙凤玉佩的器形为一只凤鸟立于仰卧的龙体之上，凤鸟的圆眼和勾嘴传承了史前时期的样貌，但在线条刻画方面显得婉转自然，属于商周时期审美风格的过渡作品。河南洛阳金村出土的周代双首配饰造型简化、抽象，呈现出优美的S形曲线，一个凤首高昂，另一个凤首回眸，动感十足，卷曲的凤冠和凤羽犹如行云流水，凤身上的凸点是当时较为流行的装饰。

春秋战国时期，在服饰上喜爱装饰凤纹的莫过于地处南方的楚人。楚人崇拜祖先祝融，《白虎通义·五行》记载，祝融“其精为鸟，离为鸾”，于是，凤鸟成为楚人的氏族图腾，被楚人崇拜。在已发掘的马山1号墓、江陵东周楚墓、望山1号楚墓、包山2号墓等处，出土了数百件楚国丝绸实物。这些丝织品纹样题材丰富多样，包括动物、植物、人物和几何类。其中，在马山1号墓出土的18幅刺绣纹样中，有17幅绣有凤鸟形象，诸如回首舞凤纹、变形凤鸟纹、三首伴花凤鸟纹、龙凤虎斗纹、飞凤蟠龙纹、舞龙舞凤纹、一凤二龙纹、一凤三龙纹、龙凤共体纹等，凤的形象既丰富多彩，又形态自然而美丽动人，极尽构思之能事，把楚人尊凤爱凤的思想感情完全显露

图 1-3 凤鸟花卉纹绣浅黄绢面绵袍

出来了。[1]

荆州市荆州区马山 1 号墓出土了一件凤鸟花卉纹绣浅黄绢面绵袍（图 1—3）。这件衣服淡黄绢地，绣线有深蓝、翠蓝、绛红、朱红、土黄、月黄、米色。绵袍上的凤鸟正面而立，张两翼为舞步，头上华冠如伞盖，两旁垂流苏，头部形状如枭，更加怪异的是两只展开的翅膀各有一个侧面凤头。更生出花枝向上蔓卷，至顶再反转倒挂出三花穗。有学者认为，这只神秘怪诞的“三头凤”便是鹞或鹰的图像，代表五月的物候，又是南方的象征。[2]同墓出土的还有一件对龙对凤绵袍（图 1-4），凤鸟神态各异，时而仰首，仿佛引吭高歌；时而相背而立，姿态优雅；时而展翅，曲颈回首，似乎在回眸一笑，顾盼生姿；时而踮起脚尖，似乎在翩翩起舞。

①宋公文、张君：《楚国风俗志》，湖北教育出版社，1995，第 483 页。

②彭浩：《楚人织绣纹样的历史考察》，载《楚文艺论集》，湖北美术出版社，1991， 第 266—273 页。

图 1-4 对龙对凤绵袍

总体看来，史前至商周时期的服饰凤纹与同时代的政治、宗教和技艺相映衬，从最初的自然界鸟形象转变为具有超自然力量的巫鸟形象，其造型风格有的古拙写实，有的写意抽象，有的自然质朴，有的神秘威严。到了战国时期，楚服饰上的凤纹更加灵活多变，或写实，或抽象，或夸张，或组合，或解构，从而形成壮美雄奇、变化多端的凤鸟造型。[1]

①郭丰秋：《楚风元素在现代服装图案设计中的创新应用研究》，《装饰》2017 年第 12 期，第 140 页。

第二节　朱雀纹

服饰凤纹的朱雀时期大体涵盖了秦汉至隋唐五代时期。朱雀是太阳鸟的化身，太阳鸟昼为踆乌，夜为朱雀。《春秋演孔图》载：“凤为火精，在天为朱雀。”认为朱雀属于凤。秦汉时期，凤以朱雀的形象出现，与苍龙、白虎、玄武合称为四方天神。秦砖汉瓦上的朱雀吸收了先秦时期的基本造型，并有所丰富，既有别于商周时期的神秘质朴风格，又吸收了春秋战国时期的矫健有力形象，以大气洗练的神兽形象守卫着南方。

秦汉服饰中的朱雀纹与春秋战国时期楚地凤纹有诸多相似之处：长足、蛇颈、秀丽的身翼、鸡嘴、孔雀翎冠和翎尾等。在织锦中，西汉凤纹与战国时期舞人动物纹织锦上的凤纹类似，在菱形的图案构成形式中，凤首凤眼皆为圆形，凤冠、凤翅和凤尾均可辨识，十分规则严谨。当凤纹用刺绣方式表现时，其造型风格便灵活多变起来。西汉时期的锁绣凤纹图案简化成一条婉转的线条。线在立体造型中有很强的表现力，不同形态的线也会给人带来不同的情绪感受，同样的线组合不同也有不同的造型特点。[①]有意思的是，婉转的线条却能勾勒出凤鸟高高的冠、修长的颈、丰硕的腹以及分叉的鱼尾，让人联想起《说文》中的“蛇头鱼尾”，楚地的灵凤以及瓦当上的朱雀。湖南长沙马王堆1号汉墓出土一件被称为“凤鸟乘云绣”的刺绣（图1-5）。这件绣品主要由云纹和凤纹构成，用朱红、浅棕、棕色、紫色、浅绿、橄榄绿、草绿等丝线采用锁绣方法绣成。在漫天飞卷的变体云雾之中，凤鸟若隐若现，仿佛与云纹幻化为一体。仔细观察，能够看到菱形的凤眼、如钩的凤爪以及变形的凤尾，仿佛凤鸟正踏云而行。从构图方法上看，凤体是由S形骨架支撑，延伸出云气纹样，而云纹又是由旋涡、流线、三角或圆点组成，形成阶梯状的连缀编排方式，整个画面色彩丰富，线条流畅舒展，凤鸟造型抽象忠于神仙特质，动静结合，富有韵律感。

魏晋南北朝时期，道教和佛教十分盛行。士人阶层盛行玄学论道，喜欢炼丹服药，希望能飞升成仙。凤凰一直是成仙得道的重要帮手，《抱朴子·内篇》记载“第四之丹名曰还丹，

①姜霞：《论中国传统陶瓷造型的线形美》，《艺术与设计》2005年第7期，第283页。

图 1-5 马王堆 1 号汉墓出土的凤鸟乘云绣

服一刀圭，百日仙也……朱鸟凤凰，翔覆其上，玉女至傍”。在织锦、丝绸等贵重服饰面料中，凤纹与龙纹仍旧是这个时期的经典纹样。《邺中记》记载：“锦有大登高、小登高、大明光、小明光、大博山、小博山、大茱萸、小茱萸……凤凰朱雀锦……不可尽名也。”《拾遗记》记载：“吴主赵夫人织‘云龙虬凤之锦’。”

魏晋时期又是东西方文化、汉文化与周边少数民族文化大交融时期，在敦煌壁画或石窟石刻中，我们可以看到文化的交融带来装饰纹样的彼此借鉴和创新。西域的联涡纹、联珠纹、葡萄纹等开始流入中原，六边形龟甲结构纹、弧形结构纹、团窠结构纹已然出现。从内容题材上看，莲花、飞天、联珠纹、

图 1-6 江西南昌出土晋代对凤金箔花钿手绘图

忍冬纹等与汉民族的朱雀纹结合起来，构成了这个时期的凤鸟形象。还有一些综合结构凤鸟纹样，如类似环套与对波的综合，见于一件私人收藏的北朝卷云对龙对凤纹锦，纹样中的动物排列与楼堞结构中的动物形式极类似。[①]

①张晓雯：《中国古代染织纹样史》，北京大学出版社，2016，第 145 页。

从审美风格上看，魏晋南北朝时期的士人以姑射山神人为理想审美对象，以瘦为美，这个时期的人物画像、动植物画像基本遵循了“秀骨清像”的艺术表现手法，服饰上的凤纹将楚汉时期的纤瘦发展至飘逸，符合道教仙风道骨的形神追求。图 1-6 所示的晋代对凤金箔花钿仿照联珠纹线结构，将圆形金箔刻镂出两只展翅而舞的凤鸟，凤鸟身形纤细修长，线条简练，凤喙犹如仙鹤，凤翅如刀棱，凤腿健壮有力，既像朱雀又像仙鹤，反映了时人对神仙世界的向往之情。

隋唐五代时期，纺织手工业有突出进步。纺织领域的工艺技术和装饰艺术相互借鉴融合，不断发展和创新，兼收并蓄，其灿烂繁盛之势即便在唐末五代时期仍有延续，这一时期的实物资料也最为丰富。夹缬、绞缬、蜡缬、灰缬等印染技术使此时的服饰纹样色彩绚丽丰富。刺绣针法上打破了之前以锁绣为主的刺绣风格，劈针、平绣逐渐流行，平绣中的铺针、戗针、套针变幻多姿，使得服饰纹样更加细腻逼真。

这一时期服饰上的凤纹传承了魏晋南北朝时期的纹样结构，并继续发展，达到了艺术创造的繁盛时期。唐朝以丰腴为美，这个时期的凤纹更多地参考自然界中的禽鸟造型，翎羽刻画更为写实细致，有的丰满健壮，有的圆润饱满，有的意态祥和，有的雍容华贵，十分符合大唐盛世气象。

唐代宫廷贵妇喜欢以凤纹作为装饰纹样，追求纹饰的新颖，异域装饰手法是繁华盛世中追求快意荣华的产物。“无数铃声遥过碛，应驮白练到安西”描述了丝绸之路上贩运丝绸的景象，波斯的丝织物源源不断地输入中原，东西服饰文化交流日益频繁，唐代最为流行的服饰纹样“陵阳公样”便是很好的例证。张彦远《历代名画记》载：“（窦师纶）。兼益州大行台，检校修造。凡创瑞锦、宫绫、章彩奇丽，蜀人至今谓之‘陵阳

图 1-7 唐联珠对凤纹锦纹线描图

图 1-8 缠枝朱雀纹锦纹线描图

公样’。”这些章彩奇丽的纹样包括对雉、斗羊、翔凤、游麟等，都突破了六朝以来传统的装饰风格，又吸收了外来营养，富有独创性，且大部分以团窠纹为主体骨架，周围以联珠纹装饰，团窠中央饰以各种动植物纹样，显得活泼新颖、清秀雅丽。这些纹样不但在国内流行，在国外也受欢迎。因创始人窦师纶被封为“陵阳公”，这些纹样被称为“陵阳公样”。波斯丝织物上的团窠装饰丰富了我国服饰凤纹，古代艺术家们借鉴这种团窠结构，创造出团凤装饰图案。如图 1-7 所示，新疆吐鲁番阿斯塔纳出土的对凤纹锦中的联珠纹明显受到波斯萨珊王朝影响，波斯联珠纹常常以翼马、狩猎、鹿、狩猎、羊为主题，但传播至唐人这里，龙、凤也成了主要纹样，此图中的凤还保持着汉魏时期的朱雀形象，以站立的姿态呈现。日本正仓院收藏的缠枝朱雀纹锦（图 1-8）中，朱雀被花环围绕，展翅欲飞，造型和线条更接近波斯风格。日本正仓院收藏的对凤纹绫中，可以看到两只凤鸟以花树为轴，相对而立。花树源于波

图 1-9 敦煌壁画女供养人服饰凤纹手绘图

斯和拜占庭装饰纹样中的生命树，这里的凤鸟造型更为潇洒写意，凤冠和凤眼带有异域特色，尾羽上翘，形成圆形构图，体现了唐代服饰文化的国际化。

唐代服饰凤纹还常常以缠枝凤纹的形式出现。这样的装饰方式往往出现在服饰边缘，如图1-9所示，唐代供养人服饰的大襟衣领上，分别画有一对凤鸟，凤鸟口衔一支缠枝花卉，斜向飞舞，以适应衣领长条形的框架。值得注意的是，这对凤鸟造型逐渐脱离朱雀的雄健，羽毛刻画柔和细腻，体态丰满雍容，目光祥和，颇具盛唐风度。

图 1-10 凤踏莲花手绘图

莲花是佛教吉祥之花，凤乃吉祥之鸟，因此，凤与莲花的组合在敦煌菩萨或女供养人服饰上经常出现，反映了佛教在唐代的兴盛。如图1-10所示，莫高窟138窟女供养人上衣花纹是凤鸟口衔花草，足踏莲花，凤眼细长，神态祥和。

道教、佛教的发展与繁荣，打破了汉代儒家政治思想一统天下的形势，儒释道三教并流成为唐代社会政治的特色。作为神化政治工具的凤凰，在唐朝统治者政治依靠多元化之后，其地位黯然弱化，逐渐变为日常生活中广泛应用的吉祥图案。对此，吴艳荣在《中国凤凰》中有详细论述。[①]这在唐代头饰当

①吴艳荣:《中国凤凰——从神坛到人间》，浙江大学出版社，2014，第66—82页。

图 1-11 桃形凤冠手绘图

中也体现得十分明显，唐代宫廷贵妇喜欢以凤为头饰，宫女也可以佩戴凤纹头饰，诸如凤钗、凤簪、凤梳、凤冠饰等。头饰多用金、银材料制成，其雕刻手法与石刻凤纹类似，因此，头饰中的凤纹造型接近于石刻、铜镜上的凤鸟，凤的足部大多省略，凤眼已经从秦汉时期的圆眼变为柔美的细眼，姿态优美、怡然自得。敦煌莫高窟中女供养人头上的桃形凤冠（图 1-11）中凤足踏莲花宝座，其形象已然脱离了秦汉魏晋时期的纤瘦，显得丰腴饱满。凤冠图案布局疏密有致，装饰性很强。

总体看来，随着丝绸之路的拓展，丝织印染技术的不断进步，这一时期的朱雀纹刻画更加细腻，趋向于自然界的禽鸟形象。同时，佛教、道教的兴盛，异域文化的传播交流，使得中原地区的服饰凤纹内容丰富多样，图案结构出现了团窠纹、缠枝纹等创新发展。从审美风格上看，服饰凤纹与同时代的审美趣味以及时代风貌密切相关，秦汉魏晋时期的服饰凤纹大多纤瘦洗练，而隋唐五代时期的服饰凤纹则呈现出多元并存的样貌，有丰腴雍容的，有纤瘦灵动的，也有典雅秀丽的，预示着凤纹发展的新高潮即将到来。

第三节 凤凰纹

服饰上的凤凰纹时期涵盖了宋辽金元至明清时期。早在先秦文献中，凤凰就有性别之分。《尔雅·释鸟》载：“凤，其雌皇。”但从图案造型上看，凤凰的区分并不明显。到了宋元明清时期，凤、凰、鸾的造型基本定型。“龙在头上变，凤在尾上分”，在《营造法式》中凤、凰和鸾的区分在尾羽上，凤尾翎羽有涡卷的卷花，凰尾则没有，翎羽由多减少，鸾尾也无卷花，但长长的翎羽飘逸潇洒。在经典的喜相逢图案中，凤与凰，或者鸾与凤两两相对，含情脉脉。雄凤头上有类似灵芝形的冠状物，又貌似公鸡冠，被称为“胜”。古代男子成年礼中有一项加胜冠活动，因此凤首上的胜成了雄凤的标志。雌凤被称为“凰”，凰的头上一般没有“胜”。

宋代是文人士大夫精神十分浓厚的朝代，也是绘画艺术的高峰，尤其是山水画和工笔花鸟画。在士大夫文化影响下，服饰凤纹从唐代的丰腴健壮转向秀丽雅致。另一方面，随着城市的发展，市民阶层的壮大，服饰凤纹反映了老百姓吉祥祈愿的生活情趣，“丹凤朝阳”“百鸟朝凤”“龙飞凤舞”都是人们喜闻乐见的吉祥图案。具体而言，宋代服饰凤纹弱化足部，延长、夸张尾羽，整体看来华美飘逸。其中，尾部齐齐生出纤长尾羽的形式是宋代流行的新样式，对凤、云中凤、凤穿花是这个时期服饰中常见的组合纹样。

从造型上看，宋代服饰凤纹更加写实，对凤鸟身体各个部件进行写实的刻画，从而使凤凰造型变得更为清新秀丽，这也跟宋代缂丝技艺发展至顶峰有关（图 1-12）。缂丝又称“克丝”“刻丝”，区别于传统通梭织造方法，采用通经断纬的织造工艺，因此，其纹样创作可以随心所欲。宋代缂丝织物分为两种，一种用于书画装裱和服装装饰，另一种为观赏类的名人字

图 1-12 北宋缂丝紫鸾鹊谱纹手绘图

画。因此，缂丝上的凤纹用色典雅，手法细腻，极富文人气质。

王大有认为，自辽金元入驻中原，经明清，凤的形象起了大变化，并定型化。而这种定型和规范源于北方少数民族，因为这些少数民族与商民族一样，保存了鸷鸟型凤的主要特征。宋代的凤鸟与北方少数民族凤鸟有直接关系。例如，宋代的马头凤，便是天马、鲲鹏、凤凰的复合体。[①]也就是说，这一时期的凤鸟，是在鸷凤与朱雀的基础上，以鸡为原型，加以丰富变化而成。内蒙古赤峰市的一座驸马墓中出土的“双凤衔绶”虽然也是喜相逢的构图，但凤凰的形象强劲有力，犀利的凤眼，如鹰喙的凤喙，以及凤冠上坚硬的羽翎等显示出游牧民族

①王大有：《龙凤文化源流》，北京工艺美术出版社，1988，第142—143页。

图 1-13 辽代缂丝衣料龙凤鸟兽花卉纹手绘图

特有的豪爽和坚定。

我们从现存的辽代服装衣料的纹饰（图 1-13）可以看到，凤的形象被广泛使用，其形状和唐及以前各代有很大的区别，特别是凤的尾巴和凤冠的式样，与《营造法式》中的样式十分契合。辽代的凤有站立或飞翔两类，这两种形式在耶律羽之和其他辽墓中均有发现。中国丝绸博物馆典藏一件织物残片，可以看出该织物为一褐色织金锦，纹样是团窠对凤。团窠到辽代依然是最流行的服饰纹样单元。还有一件暗花绫织物，以两只呈喜相逢形式排列的凤凰为主要表现题材。

元代延续了宋辽金夏时期的动物穿花纹样，服饰上的凤纹造型更多表现为凤穿牡丹或凤穿莲花。凤为百鸟之王，牡丹则为花中之王，因此，凤穿牡丹的组合一般寓意着荣华富贵。莲花寓意多子多孙，可见，此时的凤与莲花组合已经从佛教寓意转向祈福祈祥寓意。伦敦宾斯克公司收藏了元代凤穿牡丹缂丝，我们从其纹样（图 1-14）可以看到两只五彩斑斓的凤鸟展翅飞翔于牡丹花丛之中，漂亮的尾羽如同水草般灵动，与宋代服饰凤纹风格一脉相承。该件织物在紫色地上以金线起花，表现的正是凤穿牡丹的主题，而织有这一图案的纺织品在全国其他地方亦多有发现，说明了它在元代的流行程度。

中国丝绸博物馆典藏了一幅元代极为典型的纳石矢织物。纳石矢是织金锦中的一种，包括两大类，一类是用片金法织成，也就是在织造时，把一些切成长条的金箔夹织在丝线中。用这种方法织成的锦，金光夺目。另一类是用圆金法织成，也就是用金箔捻成的金线同丝线交织而成。这种锦牢固耐用，但金色光泽比较暗淡。纳石矢为蒙古语音译，同“纳石失”“纳赤思”，是用镂金法织成的织金锦。纳石矢工艺来源于波斯织工，故纹样近波斯风格，故有人将纳石矢称为“波斯金锦”。这幅纳石矢织锦经丝分为两组，地经为紫色，特结经为浅黄

图 1-14 元代凤穿牡丹缂丝纹手绘图

色。纬线有两组，地纬为紫色，纹纬为捻金线。纹样为凤穿牡丹的花鸟纹样，说明写实花鸟纹在元代颇为流行。

明清时代中国的手工业和商业都处于上升阶段，工艺美术也进入繁荣兴旺时期，其中以陶瓷、染织、刺绣最为繁荣。凤凰造型经历代演变之后进入成熟阶段，也是发展最为完备的阶段。其中，服饰凤纹基本承袭宋元，但在形式上又有丰富。在织绣、饰品中，我们可以看到，凤凰常常和变幻莫测的祥云相伴，与花中之王牡丹以及象征光明的太阳、表达吉祥寓意的杂宝组合在一起，凤凰的身影娇美多姿。此时的凤纹更加注重细节的刻画，构成凤凰躯体的线条既有刚健挺拔的，又有婀娜柔和、婉转自如、连贯流动的，甚至显得繁缛华美。

按照凤的姿态，明清时期的服饰凤纹可以分为翔凤、升凤、降凤、坐凤、卧凤、云凤、云凤纹、草凤、花凤、团凤等。与此同时，不同地域和技艺的差别，也丰富了凤凰的造型，尤其在尾部具体造型上，明清时代也有了极大的丰富，如莲花式、水草式、草叶式、火焰式、瓦楞式、孔雀尾式、菊叶式、卷叶式、蕉叶式、孔雀针式、方肯式、卷云式、草纹式、软刺式、硬刺式、点叶式、羽绒式、虎纹式、疏叶式、棒槌式、花苞式、松毛式、花瓣式、夔凤式等。[①]还有一些凤将雄鸳鸯侧翼耸立状的羽毛移植到凤身上，或者将龙爪附于凤身，使凤爪似兽非兽，似鸟非鸟。其原因在于，清朝统治者通过征战扩疆拓土，形成一个多民族的统一国家，自然将满汉主流徽识融汇在一起，因此出现不同时期的凤鸟形象同时出现的情景。

①徐华铛：《中国凤凰造型》，中国林业出版社，2010，第 66 页。

凤凰造型的程式化极大促进了服饰上凤纹的装饰发展，在明清时代的宫廷织绣服饰中，凤图案屡见不鲜，简直达到了无凤不绣的地步。在清代，“苏绣、湘绣、粤绣和蜀绣”被确立为四大名绣。其中，苏绣在清代达到全盛时期，其图案往往构思巧妙，施色清丽雅致、刺绣工艺十分精致、针法活泼自然，具有独特的审美特色。如图 1-15 所示，苏绣中的凤鸟图案也具有鲜明的特色，凤头一般壮实厚重，凤冠为祥云灵芝状，颈部羽毛和尾部飘翎多表现为芦苇状，尾羽一般为三支，羽毛似瓦楞，尾镜为圆形，中间点缀一颗小黑圆点。

晚清的凤纹常常追求新奇富丽的效果，有的造型硕大夸张，独居袍服的中心位置。故宫博物院收藏的清代光绪年间绛丝凤凰梅花皮衬衣中（图 1-16）凤凰以降凤的姿态呈现，凤翅大展，羽毛如刀棱般根根分明，用蓝、浅蓝、灰蓝、紫、浅紫、灰紫丝线绣成，色彩渐变，层次丰富，又用明度较高的橘色点缀翅膀羽毛和尾羽，整体用色与周围的梅花十分协调，雅

图 1-15 苏绣中的凤鸟手绘图

图 1-16 缂丝凤凰梅花皮衬衣手绘图

致之中不乏活泼，极具艺术感染力。

总体看来，中国服饰凤纹源远流长，其造型风格几经流变。这是由诸多因素促成的。首先，丝织印染技术的发展为服饰凤纹的构成方式、色彩配置提供了物质基础。其次，不同时代的审美趣味和凤文化内涵促使其风格造型略有不同。再次，战争、迁徙等外力因素引起的南北、东西社会服饰、艺术文化的交流丰富了服饰凤纹的造型。最后，社会的安定、经济的繁荣以及统治集团的喜爱推动服饰中的凤纹发展至鼎盛，最终出现程式化和固定化的造型规律。

第二章

凤与宫廷服饰

索绪尔把符号分为“语言符号”和“非语言符号”。符号是“能指”和“所指”的双重结合。所谓“能指”，就是指符号本身即符号的物质形式；所谓“所指”，就是指符号表示的意义或观念。在社会沟通和人际交往过程中，非语言符号包括表情、眼神、动作、服饰、图像等几乎一切人类的文化成果。德国哲学家卡西尔指出，创造与运用符号是人的基本特征，人类的意识过程其实是一个将世界符号化的过程。

凤及其家族成员因其美丽、吉祥等特征，被视为含有所指意义的图像符号。灵禽瑞兽的灵性正如人间圣贤化洽天地的品格，这种相似之处集中体现在“文”的概念的多重含义——文化、文字、“纹饰”、“纹样”，都是“文”。人们认为动物的皮毛上有什么纹样和纹理，就表示有什么样的贤明。[1]庞进从生物学意义和神话学谱系中对凤的起源和造型进行了研究，认为凤是中国古人对鸡、鹰、燕、乌、鹑、鹤、孔雀、鸵鸟等鸟禽，和太阳、风、火等天象经过多元融合而创造的一种神物。除此之外，鸑鷟、鹓雏、鵔鸃、鹔鹴、翳鸟、鶸、鹑、鹄、焉、鷗、鹍鸡等别称或种类也属于凤的家族成员，更有甚者，大鹏、帝江（帝鸿）、重明鸟也被归入凤凰之属。因此，凤及其家族成

①胡思德：《古代中国的动物与灵异》，蓝旭译，江苏人民出版社，2017，第 202 页。

员是中国古代宫廷服饰上常见的主题纹样，不仅发挥着装饰审美作用，更负载着辨等级、明身份的重要功能。

第一节　以凤喻人

一、凤喻帝王

原始社会的凤鸟形象取材于自然界的鸟类形象，在早期的神话传说中，凤即玄鸟，又称句芒，乃是东方之神。句芒的造像特征是，“鸟身，素服，玄纯”。原始社会至商周时期，服装的主要功能局限于驱寒保暖，保护身体，更重要的是表达人类对超自然力量的崇拜和敬畏。服装的形制和色彩，都分别传达出奴隶主及统治者们的这种原始信仰心理。此时的凤既是帝权使者，又是神巫助手，它的拥有者一般也带有神巫光环或与王权紧密相连。

商代是早期中国凤鸟文化真正形成并逐渐定型的重要时期，此时关于凤鸟的观念深刻契合于殷人独特的精神文化观念中。[①]商代甲骨文中记载：“于帝史凤，二犬。”意思是凤鸟是上帝的使者，应该用两只犬来祭祀。

“天降玄鸟，降而生商。”也有观点认为，殷人祖先玄鸟乃凤属。《吕氏春秋·古乐》：“令凤鸟天翟舞之，帝喾大喜。”帝喾乃殷人先祖高辛氏。《荀子·解蔽篇》也说：“有凤有凰，乐帝之心。”在商人那里，凤鸟乃先公、先王之灵，与帝之间没有清晰的区分。[②]

周人带来了中国西部的世界观以及对天命的独特理解，尽管如此，凤鸟文化仍然被周人所接受，被赋予了新的含义。凤鸟文化，不再是玄鸟生商所对应的帝德与血统，不再是神王大巫死后升天庭的特权身份。在周人那里，伴随着天命无常新观

①李竞恒：《早期中国的龙凤文化》，人民出版社，2018，第138页。

②李竞恒：《干戈之影：商代的战争观念、武装者与武器装备研究》，四川师范大学电子出版社，2011，第93-94页。

念的崛起，凤鸟也成为受命新王的祥瑞，成为革除天命的德性符号。[①]经过长时间的演变，“有凤来仪”成为帝王德才兼备的象征。《淮南子·览冥训》记载：“昔者黄帝治天下……于是日月精明，星辰不失其行，风雨时节，五谷登熟，虎狼不妄噬，鸷鸟不妄抟，凤凰翔于庭，麒麟游于郊，青龙进驾，飞黄伏皂。”《国语·周语》：“周之兴也，鸑鷟鸣于岐山。”鸑鷟乃凤的家族成员之一。可见，凤鸟是昭示帝王以德配天，君权神授的神鸟。

①李竞恒：《早期中国的龙凤文化》，人民出版社，2018，第139页。

值得注意的是，周人实际上也延续了殷商时期凤喻帝王的传统。《诗经》：“凤皇于飞，翙翙其羽，亦集爰止。蔼蔼王多吉士，维君子使，媚于天子。凤皇于飞，翙翙其羽，亦傅于天。蔼蔼王多吉人，维君子命，媚于庶人。凤皇鸣矣，于彼高冈。梧桐生矣，于彼朝阳。菶菶萋萋，雝雝喈喈。君子之车，既庶且多。君子之马，既闲且驰。矢诗不多，维以遂歌。”这些诗歌表达了对周王的赞美，其中，簇拥的百鸟比喻随同的贤臣，高飞的凤凰比喻周王。以百鸟的紧密相随，凤凰的高飞，指代臣子们对王的拥护与爱戴之情。

楚人爱凤，也喜欢以凤喻人。《韩非子·喻老》记载：“楚庄王莅政三年，无令发，无政为也。右司马御座，而与王隐曰：‘有鸟止南方之阜，三年不翅，不飞不鸣，嘿然无声，此为何名？’王曰：‘三年不翅，将以长羽翼；不飞不鸣，将以观民则。虽无飞，飞必冲天；虽无鸣，鸣必惊人。’”此时，右司马将楚庄王比为凤，楚庄王进一步阐明凤的力量。《史记·滑稽列传》也曾记载：“齐威王之时，喜隐，好为淫乐长夜之饮，沉湎不治，委政卿大夫。百官荒乱，诸侯并侵，国且危亡，在于旦暮，左右莫敢谏。淳于髡说之以隐曰：‘国中有大鸟，止王之庭，三年不蜚又不鸣，王知此鸟何也’王曰：‘此鸟不蜚则已，一蜚冲天；不鸣则已，一鸣惊人。’于是乃朝诸县令长七十二人，赏一人，诛一人，奋兵而出。诸侯振惊，皆还齐侵地。威行三十六年。”由此可见，在先秦时期，凤至王庭，以凤喻王，是十分常见的。

唐代皇帝既自喻为凤也被喻为凤，《旧唐书》卷六十五《长孙无忌传》：“太宗追思王业艰难，佐命之力，又作《威凤赋》以赐无忌。其辞曰：有一威凤，憩翮朝阳，晨游紫雾，夕饮玄霜。资长风以举翰，戾天衢而远翔。西翥则烟氛闭色，东飞则日月腾光。化垂鹏于北裔，训群鸟于南荒……”杜甫《雪中抒怀》：“天子号仁圣，任贤如事师……如日月恒生，若鸾凤葳蕤。”将鸾凤比喻皇帝。

唐高宗患风疹后，不能处理政务，“政事皆决于天后”。上元三年十一月，陈州汇报：“凤凰见于宛丘。”武则天于是改元仪凤。高宗死后，武则天临朝称制，把中书省改为凤阁，门下省改为鸾台。后又有“群臣上言，有凤皇自明堂飞入上阳宫，还集左台梧桐之上”。几天后，武则天“革唐命，改国号为周，改元为天授”，真正成为皇权天授的女皇帝。《旧唐书·礼仪志二》记载：“证圣元年（695）正月丙申夜，佛堂灾，延烧明堂，至曙，二堂并尽……则天寻令依旧规制重造明堂，凡高二百二十四尺，东西南北广三百尺，上施宝凤。俄以火珠代之。”明堂是皇帝听朝理政的地方，祭祀、庆赏等典礼都在这里进行。遭遇火灾后，武则天打算在明堂上供奉宝凤，后来受到劝谏，不得已改为火珠。可以推测，武则天很可能试图效仿太宗，以凤喻己，因为“有羽之虫三百六十，而凤凰为长”，并将凤提高到堪与龙媲美的位置。

二、凤喻圣贤德才

凤凰不仅是神鸟，也比喻人间德高望重者以及杰出的人才。早在先秦时期，人们就将贤者喻为凤凰。《论语·微子》

中有记："楚狂接舆歌而过，孔子曰：'凤兮凤兮！何德之衰？往者不可谏，来者犹可追。已而！已而！今之从政者殆而！'孔子下，欲与之言。趋而辟之，不得与之言。"楚狂接舆是当时道家的人物，也是有道之人，他看到当时礼崩乐坏，社会已经无法收拾，因此，将凤凰喻孔子，讽刺他在天下无道时却不隐去，是一种德行衰败的表现。《艺文类聚》记载："老子见孔子，从弟子五人。问曰：'为谁？'对曰：'子路为勇，其次子贡为智，曾子为孝，颜回为仁，子张为武。'老子叹曰：'吾闻南方有鸟，其名为凤，所居积石千里，天为生食，其树名琼枝，高百仞，以璆琳琅玕为实，天又为生离珠，一人三头，递卧递起，以伺琅玕，凤鸟之文，戴圣婴仁，右智左贤。'"在这里，老子将孔子喻为凤，具备圣仁智贤品质。

《庄子·秋水》："惠子相梁，庄子往见之。或谓惠子曰：'庄子来，欲代子相。'于是惠子恐，搜于国中三日三夜。庄子往见之，曰：'南方有鸟，其名鹓雏，子知之乎？夫鹓雏，发于南海而飞于北海；非梧桐不止，非练实不食，非醴泉不饮。于是鸱得腐鼠，鹓雏过之，仰而视之曰：吓！今子欲以子之梁国而吓我邪？'"鹓雏乃凤凰之属，性情高洁。在这里，庄子自比鹓雏，讽刺惠子以鸱之心，猜度自己想取而代之。

受到中原文化的熏陶，再加上楚人对凤的崇拜喜爱，屈原曾自比凤凰。《楚辞·涉江》："鸾鸟凤皇，日以远兮。燕雀乌鹊，巢堂坛兮。"《楚辞·怀沙》："凤皇在笯兮，鸡鹜翔舞。"在这里，屈原将自己比作高洁的、出类拔萃的凤凰，把那些嫉贤妒能、欺君祸国的奸邪小人喻指为燕、雀、乌、鸡、鸭等凡禽，流露、表达出怀才不遇、报国不能、屡遭诽谤排挤的悲愤以及政治理想破灭的绝望。

《后汉书·张衡传》："前长离使拂羽兮，委水衡乎玄冥。"李贤注："长离，即凤也。"此后，长离也被用来比喻德才出众者。《文选》："婉婉长离，凌江而翔，长离云谁，咨尔陆生。"李善注："长离，喻机（陆机）也。"

隋唐五代时期，人们更加热衷于以凤赞美文辞斐然、气质品性出众的官员或文人。《旧唐书·薛收传》记载，薛元敬"少与收及收祖兄德音齐名，时人谓之河东三凤。收为长雏，德音为鹫鹭，元敬以年最小为鹓雏"。长雏、鹫鹭、鹓雏均为凤之家族成员。卢照邻《赠益府群官》："一鸟自北燕，飞来向西蜀。……群凤从之游，问之何所欲。"将益府群官都喻为凤。李白《赠瑕丘王少府》："皎皎鸾凤姿，飘飘神仙气。"将鸾凤之姿比喻少府。钱起《送李大夫赴广州》："一贤间气生，麟趾凤凰羽。"将士大夫比喻为凤凰。五代《宫词百首》写道："三殿浓日晓色来，祥鸾威凤待门开。"其中，祥鸾比喻等待上朝的百官，威凤应为皇帝。

在古代宫廷服装图案中，经常出现的"丹凤朝阳"图案用来比喻贤才赶上好时机，"百鸟朝凤"则比喻君主圣明而天下依附，或者比喻德高望重者众望所归。明朝万历年间，鸾凤纹多为五彩，传说中的神鸟飞下了圣坛，变成了现实中鹅或鸡的形象。[1]因此，在一些官员服装上出现了对鹅图案。

①故宫博物院编：《故宫博物院藏瓷选集》，文物出版社，1962。

三、凤喻女性

人们将凤与女性联系起来源于与龙相对应的应龙系统，以及凤自然性变区分的自洽系统。凤最终与女性结下牢不可分的缘分，又得益于凤的社会性别变化和以凤喻人的文化习惯。早在商代，宫廷里就设置了"玉官"，专职管理玉器制作。商周时期的玉器功能有两种：一种是用于祭祀的"礼玉"，如玉璧、玉璟等。一种是佩戴装饰用的服玉，是贵族身份和地位的象征，服饰上应用凤鸟纹饰不是普通人所能享有的待遇。在出土的商代玉器中，有一件龙凤冠人形玉佩，该玉佩一边是升龙，一边是降凤，说明商人很可能已经分别将龙凤与男女气质特征联系起来。

《山海经》中，关于凤的原型和成员描述多达 12 处。例如："有五采鸟三名，一曰皇鸟，一曰鸾鸟，一曰凤鸟。"后人不知"凤皇"原意，便把雄孔雀称之为凤，雌孔雀称之为皇。按照成长阶段不同，雏凤为幼年时期的凤，鸾凤是介于雏凤和凤凰之间的凤。按照色彩来分，凡"多赤者凤，多青者鸾，多黄者鹓雏，多紫者鸑鷟，多白者鸿鹄"。有丹凤、青凤、白凤、黑凤、黄凤、紫凤、彩凤等。自阴阳五行观念流行后，凤鸟的自然性别区分逐渐明朗。《尔雅 · 释鸟》曰："鶠，凤，其雌皇。"鶠乃凤的别名，为雄鸟，皇为雌鸟。凤则是凤、凰、鸾等凤属鸟类的总称。

经历了凤凰自然崇拜、凤凰图腾崇拜、凤凰祖先崇拜后，凤凰的神性逐渐减弱，并开始出现凤凰人格化，由此凤凰被赋予了人格意义上的"性"别。大体说来，凤凰人格意义上的"性"变过程为：男性——两"性"共存——女性并最终定型。[①]

①吴艳荣:《中国凤凰——从神坛到人间》，浙江大学出版社，2014，第 94 页。

到了汉代，著名才子司马相如为俘获卓文君芳心，在卓家大堂上弹唱一曲《凤求凰》："凤兮凤兮归故乡，游遨四海求其凰，有艳淑女在闺房，室迩人遐毒我肠，何缘交颈为鸳鸯。"直率、大胆、热烈的措辞，让帘后倾听的卓文君怦然心动，与司马相如会面之后一见倾心，双双约定私奔。也有人认为《凤求凰》乃两汉琴工根据司马相如和卓文君的爱情故事假托而作。无论怎样，此时的凤指代的是男性，凰比喻了女性。

魏晋南北朝时期，凤鸟的体态已然出现了双性特征。玄学、佛教和道教相互融合，精英阶层求仙问道者众多，在彩绘壁画、模印砖、画像石等载体上，朱雀、凤凰的形象频频出现，多承袭汉代凤鸟的风貌，同时也体现出新的姿容仪态。在北魏石刻上，我们可以看到仙人乘凤归去的图像，此处的凤鸟一改楚汉时期的矫健雄壮，口衔忍冬，尾羽飘飘，十分秀美，仿佛乘风起舞的女子。无独有偶，陆机在《日出东南隅行》中形容女子跳舞的身姿“赴曲迅惊鸿。蹈节如集鸾”，又如“双袂齐举鸾凤翔，罗裾飘飘昭仪光”。看来，鸾凤在此时多指代能歌善舞的女子，也有人用“凤靥”来形容女性面饰。

唐朝经济繁荣，政治开明，朝野上下恣情放纵，追求物质和精神双重享受的风气为凤文化注入了新的内涵，曾经穿越三界，贯通儒释道的凤凰开始走下神坛，沾染世俗气和烟火气。如前所述，武则天以凤喻己，在皇权的加持下，凤凰与女性之间的关系更为密切，从皇帝到征夫，全民爱凤凰。以文人雅士的诗歌作品为例，在《全唐诗》中，凤字出现了 2978 次，凰字 282 次，鸾字 1080 次，凤凰的这三种最有代表性的称谓出现的总数约占《全唐诗》总数目的十分之一，可见平均约每十首唐诗就有一个“凤”字，或“凰”字，或“鸾”字。[①]在这里，凤既可以用来比喻帝王和臣子、高官与隐士，也可以用来比喻公主与贫女，甚至贵妇与妓女。韩愈《大行皇太后挽歌词三首》中用“凤飞终不返，剑化会相从”，比喻皇太后；温庭筠《过华清宫二十二韵》“忆昔开元日，承平事胜游。贵妃专宠幸，天子富春秋。……深岩藏浴凤，鲜湿媚潜虬”，比喻杨贵妃；沈佺期《送金城公主适西蕃应制》“那堪将凤女，还以嫁乌孙”、上官仪《高密公主挽歌》“凤逐青箫远，鸾随幽镜沉”，都是比喻公主。

①吴艳荣：《中国凤凰——从神坛到人间》，浙江大学出版社，2014，第 68 页。

有人曾统计，唐诗中以凤比喻太后、嫔妃、贵妇、公主、贫女和妓女的诗句甚至超过了皇帝。究其原因，《山海经》“有鸾鸟自歌，凤鸟自舞”、“（凤皇）饮食自然，自歌自舞”。凤、凰、鸾鸟有自歌自舞的才艺之美，并且有“五采而文”的形神之美，这种阴柔之美颇具女性特质。宫中舞女为了增添其舞姿风貌，会穿上凤凰衣练舞，“闲把罗衣泣凤凰，先朝曾教舞霓裳。春来却羡庭花落，得逐晴风出禁墙”。

到了宋朝，凤在宫廷装饰中更为盛行。当时的皇城叫“凤城”，皇宫叫“凤阙”，帝王登基前居住的房屋为“凤邸”。在服饰中，凤凰逐渐与后妃的关系日益密切。《宋史·后妃传下》：“光宗慈懿李皇后，安阳人，庆远军节度使赠太尉道之中女。初，后生，有黑凤集道营前石上，道心异之，遂字后曰凤娘。道帅湖北，闻道士皇甫坦善相人，乃出诸女拜坦。坦见后，惊不敢受拜，曰：‘此女当母天下。’坦言于高宗，遂聘为恭王妃，封荣国夫人，进定国夫人。乾道四年，生嘉王。七年立为皇太子妃。……及太子即位，册为皇后。”在宋朝的车舆装饰中，皇帝一般用龙，皇太后、皇后或妃嫔多用凤或翟。《宋史·舆服志》记载：“皇后之车，唐制六等：一曰重翟，二曰厌翟，三曰翟车，四曰安车，五曰四望车，六曰金根车。宋因之，初用厌翟车。其制：箱上有平盘，四角曲阑，盘两壁纱窗，龟文，金凤翅，前有虚匮、香炉、香宝，绯绣幰衣、络带、门帘，三辕凤首，画梯，推竿，行马，绯缯裹索。驾六马，金铜面，缨辔，铃攀，绯屉。驾士三十人，武弁、绯绣衫。常出止用正、副金涂银装白藤舆各一，上覆棕榈屋，饰以凤，辇官服同乘舆平头辇之制。”

《宋史·舆服志》又载：“徽宗政和三年，议礼局上皇后车舆之制：重翟车，青质，金饰诸末，间以五采。轮金根朱牙。其箱饰以重翟羽，四面施云凤、孔雀，刻镂龟文。顶轮上施金立凤、耀叶。”可见，到了宋徽宗时期，皇后车舆基本上被各种凤的形象覆盖，有云凤、立凤、翟羽、孔雀、龟纹。

宋以后，便少见以凤喻才智出众的男子了，原因并不是统治者对凤的垄断，而是宋以后民俗观念中凤已是女性代表的缘故。[①]在明代，民间流传着不同版本的《秃女中选》故事，将

①吴艳荣:《中国凤凰——从神坛到人间》，浙江大学出版社，2014，第102页。

凤与皇后联系起来。万历年间，皇帝梦见有一头顶银碗、骑龙抱凤的美女从东南方向入宫。醒后遂派人按他梦中所见去选。选美钦差这天来到煎茶铺，见一个秃丫头正骑在土墙上，怀抱一只公鸡，大声叫嚷："树叶青，树叶黄，谁选我去当娘娘。"选美钦差认为，这女子骑着的黄土墙，正似一条黄龙，凤凰与鸡同属一个家族，她抱着的公鸡是凤的化身，正应了皇帝所说的骑龙抱凤之梦。这个秃丫头应该是皇帝要选的"骑龙抱凤"之人，就选中了她。在进京路上，她的秃疮疤脱落，竟是一只银碗。更奇怪的是，秃丫头头上开始长出黄发，转眼间黄发变青丝，到京城之时，秃丫头已蜕变为满头乌发，身姿窈窕，面如芙蓉的美丽女子。她初入宫为选侍，后进为才人，死后被光宗晋封为皇贵妃。

在戏曲故事中，《游龙戏凤》描绘了明武宗如何调戏民间妇女李凤姐，又封后者为妃的故事。据说，武宗朱厚照年少时贪爱女色，不理朝政，微服出行，游历江南，在梅龙镇上结识了美丽活泼的酒家少女李凤姐，一见钟情。后来朱厚照将李凤姐接进宫，但惧怕皇太后干涉，把李凤姐藏匿于香山书院，后被皇太后发现，李凤姐被遣送回乡。朱厚照思念凤姐，于是再次私下江南。此后，李凤姐产下龙种，思孙心切的皇太后也赶赴梅龙镇。看到孩子后，皇太后摈弃了偏见，接纳了李凤姐，将其接入宫中，共享天伦之乐。以凤为名的李凤姐成为后妃的故事增强了宫廷与民间对凤的性别认同。

明代《舆服志》中关于车舆轿辇的规定强化了凤与后妃之间密不可分的联系，龙象征帝王，凤比拟后妃。"龙飞凤舞""游龙戏凤""龙凤呈祥"等艺术造型不断出现在宫殿装饰、家具用品、服饰绘画中。从造型上看，龙充满着阳刚之气，是力的化身；凤则以美为特征，逐渐归于女性特质。因此，龙以其阳刚之气成为皇帝自比或喻比的神兽，象征帝王不可撼动的威严。凤则以羽色美丽、鸣声悦耳、舞姿灵动而成为后妃自比或喻比的神兽，象征后妃令人仰视的尊贵。

清代以来，从宫廷至民间，凤完成了女性化的转变。在帝王宫苑之中，龙是主要用纹，并有严格的规定，凤的使用相对宽松一些。皇帝坐的椅子为“龙椅”，皇后则坐“凤椅”，皇后所乘坐的车辇为“凤辇”，皇帝召幸后妃侍寝时，后者所乘的车为“凤鸾春恩车”。晚清慈禧太后掌权时，对“龙主凤从，龙上凤下”的传统心怀不满，在她的陵墓隆恩殿栏板上，雕刻有 138 幅“凤引龙追”的图案。一般宫殿柱子龙凤图案相间排列，这里的 74 根柱头上全部雕刻凤凰穿云图案，柱身上雕刻龙出水图案，象征皇太后凌驾于皇帝之上至尊至贵的地位。[①]在云龙丹陛上，一般为右升龙，左降凤，龙上凤下，这里却是“凤在上，龙在下”装饰。在民间，“望子成龙，望女成凤”已经成为俗语，表达人们对子女未来的美好期待，凤性变转换和性别固化至此稳定下来。

①居阅时：《帝王陵墓建筑的文化解释》，《同济大学学报》（社会科学版）2004 年第 5 期，第 15 页。

第二节　凤与帝王官员服饰

人类是社会化动物，服饰符号语言与人类行为之间是相互作用的。一方面，服饰符号为着装者自身提供心理暗示，同时作为媒介，向观者传递一定象征意义和文化内涵。另一方面，观者对服饰符号的反应能够强化或削弱着装者的某种心理感受。如前所述，凤及其家族成员的美好形象被赋予政治、德才内涵。在古代，统治者擅长运用象征性的图案、色彩，将人们对自然、社会、人文的感悟物化并具象化。因此，凤及其家族成员的形象不仅出现在宫廷建筑装饰、帝王轿辇装饰中，也经常出现在帝王官员服饰中。

一、凤与帝王冕服

冕服是古代社会大夫以上均需穿着的礼冠与服饰的总称。周代以来，帝王冕服有一套完备的制度。据《周礼·春官·司服》载："王之吉服：祀昊天上帝，则服大裘而冕，祀五帝亦如之；享先王则衮冕；享先公飨射则鷩冕；祀四望山川则毳冕；祭社稷五祀则希冕；祭群小祀则玄冕。"可见，帝王冕服分为六个等级，分别在不同的祭祀场合使用。周礼"以纹为贵"，经过几千年的沉淀和演变，冕服之中充满具有象征意义的纹饰和符号，从而成为华夏服饰文化特色。凤，自其诞生之初便具有神巫性质，随着社会发展，凤逐渐与政治伦理血脉相连，成为集众多禽鸟美好精神与外形于一身的神鸟、吉鸟和仙鸟，非圣人出，盛世至，难得一见凤之身影。《山海经·南山经》："有鸟焉，其状如鸡，五采而文，名曰凤皇。首文曰德，翼文曰义，背文曰礼，膺文曰仁，腹文曰信。是鸟也，饮食自然，自歌自舞，见则天下安宁。"于是，在古代帝王冕服之中，凤是必不可少的纹样之一。

然而，凤乃古代社会的虚构灵禽，集众多禽鸟美丽元素于一身，又千变万化，可为鲲鹏，可为大风，又能与龙一起，为人们带来风雨，实在不可捉摸。《礼记·乐记》中记载："比音而乐之，及干戚、羽旄，谓之乐。"郑玄注："羽，翟羽也；旄，旄牛尾也，文舞所执。"可见，凤鸟又善歌舞，懂音律。但是，在日常生活中，人们可以从凤的家族成员中想象其全貌。雉鸡是凤的主要原型之一，甲骨文中就有"雉"字，从它的字形来看，就是一种鸟类。先秦时期的生态环境优于现代，雉鸡的数量很多，分布广泛，是日常生活中常见的鸟禽。雉鸡的羽毛鲜艳华丽，主要有青、赤、黄、白、黑五种颜色。在五行五色学说（秦汉）流行之后，野鸡被当作五色俱备的象征。《史记·殷本纪》："帝武丁祭成汤，明日，有飞雉登鼎耳而呴，武丁惧。祖己曰：'王勿忧，先修政事。'祖己乃训王曰：'唯天监下典厥义，降年有永有不永，非天夭民，中绝其命。民有不若德，不听罪，天既附命正厥德，乃曰其奈何。呜呼！王嗣敬民，罔非天继，常祀毋礼于弃道。'武丁修政行德，天下咸驩，殷道复兴。"可见，先秦时期的人们将雉鸡看作灵鸟，武丁所惧怕的是，雉鸡登鼎而鸣，仿佛在向他发出政德缺乏的警示。后世宋徽宗也曾作绘画《芙蓉锦鸡图》，主体部分是一只雄性野鸡，右上角有他的亲笔手书："秋劲拒霜盛，峨冠锦羽鸡。已知全五德，安逸胜凫鹥。"从诗中可以看出，他把五色具备的野鸡同五德齐备联系起来，象征自己的王朝五德具备，不受五德兴衰的影响。[1]

①武金勇：《<芙蓉锦鸡图>的图像学研究》，《美术界》2007 年第 4 期。

凤鸟的各种形象可以转化为生动形象的符号，渗透到帝王冕服之中。史料记载，夏商两代已经存在冕服。《尚书·益稷》：舜帝对禹曰："予欲观古人之象，日、月、星辰、山、龙、华虫，作会宗彝。藻、火、粉米、黼、黻绨绣，以五采彰施于五色，作服，汝明。"《论语》："子曰：'禹，吾无间然矣……恶衣服而致美乎黻冕。'"夏禹虽然平时节俭，但在祭祀时，则穿上华美的黻冕礼服，以娱神敬神。在这里，图案和色彩具有政治、伦理等象征意味，用于辨明身份，区隔等级，从而实现"垂衣裳而天下治"的政治理想，而冕服中的"虫"乃雉鸡（凤鸟形象），其五彩纹饰，象征帝王有文章华美之德。

周代有专门的官员司服，"掌王之吉凶衣服，辨其名物，与其用事"，其冕服制度更为细致规范。孔子十分推崇周代的冕服制度，曾感叹"周监于二代，郁郁乎文哉，吾从周"。周代冕服有六种，分别为：裘冕、衮冕、鷩冕、毳冕、希冕、玄冕。雉鸡（凤鸟）作为重要象征纹饰经常出现在祭祀场合中。国王在举行各种祭祀典礼时，根据场合和典礼的轻重，分别穿戴不同的冕服，冕服上的章纹数量和分布情况也有所差异。其中，裘冕乃祭祀昊天上帝的礼服，最为贵重，共绘绣章彩纹饰为12种，根据天玄地黄的自然色彩，上衣为青黑色，下裳为纁色，上衣绘有日、月、星、辰、山、龙、华虫等章纹，下裳绣藻、火、粉米、宗彝、黼、黻花纹。衮冕乃王之吉服，绣绘章纹，上衣绘山、龙、华虫、火、宗彝，下裳绣藻、粉米、黼、黻花纹。鷩冕乃祭祀先公与飨射的礼服，共有章纹7种；毳冕是祭祀四望山川的礼服，共有章纹5种；希冕是祭祀社稷先王的礼服，共有章纹2种；玄冕是祭祀四方百物的礼服，上衣不加章纹，下裳绣黼花纹。公侯伯卿大夫的冕服皆低于王之服，并有等差。根据《周礼注疏》记载，公之冕服自衮冕以下都与王服相同，但天子龙章用升降龙，公只能用降龙，以示等差；侯伯自鷩冕以下都与公相同，均有华虫装饰；子、男、孤、卿大夫都无华虫装饰。由此可见，裘冕、衮冕和鷩冕中均有雉鸡装饰，足以证明雉鸡的重要政治伦理功能。

周代之后，朝代虽然不断更替，但是东西、南北服饰文化交流未曾间断，以龙凤为标识的冕服制度并未消失，而是以更为新颖丰富的样貌传承下来，直至清末。冕服之外，帝王在上朝处理公务时多着公服，燕居时着常服。帝王公服和常服中，凤与龙一起，出现频率颇高，这与龙、凤的政治文化内涵密切相关。如前文所述，随着龙、凤政治文化意涵的丰富，皇权有了凤的加持，其合理合法性亦随之增强。和凝《宫词百首》中说道："六宫进酒尧眉寿，舞凤盘龙满御衣。"可见，皇帝穿着凤凰纹饰的衣服是常见现象。《宋史·舆服志》也记载："宋初因五代之旧，天子之服有衮冕，广一尺二寸，长二尺四寸，前后十二旒，二纩，并贯真珠。又有翠旒十二，碧凤衔之，在珠旒外……衮服青色，日、月、星、山、龙、雉、虎蜼七章。红裙，藻、火、粉米、黼、黻五章……金龙凤革带，红韈赤舄，金鈒花，四神玉鼻。祭天地宗庙，朝太清宫、飨玉清昭应宫景灵宫、受册尊号、元日受朝、册皇太子则服之。”

即使在元朝，皇帝也采纳唐代冕服制度，华虫、龙凤乃皇帝专用纹饰。在大举质孙宴时所穿的质孙服也带有凤纹。《元史》记载，质孙，一色服也，内庭大宴则服之。冬夏之服不同，然无定制。凡勋戚大臣近侍，赐则服之。下至于乐工卫士，皆有其服。精粗之制，上下之别，虽不同，总谓之质孙云。天子的质孙服有不同形制和搭配。例如，“夏之服凡十有五等，服答纳都纳石失，缀大珠于金锦。则冠宝顶金凤钹笠……服白毛子金丝宝里，则冠白藤宝贝帽。服驼褐毛子，则帽亦如之。服大红、绿、蓝、银褐、枣褐、金绣龙五色罗，则冠金凤顶笠，各随其服之色。服金龙青罗，则冠金凤顶漆纱冠。”其中，金凤顶笠和金凤顶漆纱冠是蒙元服饰文化和汉族服饰文化相互交融的产物。

明清时期，凤文化中的民俗气息逐渐增强，统治阶层在强调龙凤权威和身份区隔功能的同时，也不自觉地吸纳民间对凤的美好期待。尤其到了清代，龙凤在帝王常服上的文化寓意出现了变化。一方面，龙凤代表着权威和身份，另一方面，龙凤与蝙蝠、如意祥云、绶带、杂宝等元素融合在一起，表达龙凤呈祥、福寿绵长的俗世愿望。笔者认为，这是几千年来，凤文化变迁、丰富的结果，也是精英文化和大众文化双向互动的产物。例如，故宫博物院收藏一件清代乾隆皇帝御用龙袍，该龙袍由黄色芝麻纱为面，明黄色素接袖，石青色云蝠金龙纹领襟边和袖端。袍身以双面绣技法在前胸、后背和两肩绣正龙各一。前胸、后背的正龙围绕一团云蝠纹饰，内绣两只青鸾鸟衔绶带（图 2-1）和杂宝飞舞，下方是寿石、灵芝、牡丹，有“双鸾献寿”“福寿如意”等吉祥寓意。[①]

①张琼主编：《清代宫廷服饰》，商务印书馆，2005，第 36 页。

图 2-1 鸾鸟衔绶手绘图

二、凤与明清补服

古代社会交通不便，信息传输十分缓慢，帝王政令的传达和社会管理多依靠非语言符号，例如规模宏大、礼仪烦琐的祭祀活动，宫室的建筑规格，所用器物的规范等，从而建立起等级森严、井然有序的社会管理体系。其中，最具代表性和典型性的创举，便是明清补服中以凤鸟家族成员来确定官员身份等级，规定其承担的责任和义务。

根据出席场合不同，明清官员服饰分为不同种类，具体有朝服、祭服、公服、常服以及燕服。明代伊始，统治者便“古昔帝王治天下，必定制礼以辨贵贱，明等威”，“服饰在人，其事情若小，而所系甚大”。最初规定“常服用料为杂色文绮、绫罗、彩绣，不得用玄、黄、紫三色，以及织绣龙凤纹。朝见人员，四时并用色衣，不许纯素”。九品官员常服分为三色，“一品至四品绯袍，五品至七品青袍，八九品绿袍”[①]。但是，根据服色辨别官员等级可以，但辨别其具体身份仍有困难。于是，以禽、兽为标志的补服应运而生。

①张廷玉等：《明史》卷六十七，中华书局，1998。

明清官员的补服的典型特征是以禽、兽区分种类。补服种类不一样，代表官员品级不一样。以鸟命名官职的历史可以追溯到久远的古代。相传，少昊统领东夷各部落时，东夷以鸟为图腾。少昊名为“鸷”，是一种雕类猛禽。少昊将各部落首领以鸟类命名，“凤鸟氏，历正也”。《山海经·大荒东经》：“东海之外大壑，少昊之国。”《左传·昭公十七年》云：“我高祖少皞，挚之立也，凤鸟适至，故纪于鸟，为鸟师而鸟名。凤鸟氏，历正也；玄鸟氏，司分者也；伯赵氏，司至者也；青鸟氏，司启者也；丹鸟氏，司闭者也。祝鸠氏，司徒也；鴡鸠氏，司马也；鳲鸠氏，司空也；爽鸠氏，司寇也；鹘鸠氏，司事也。五鸠，鸠民者也。”玄鸟、青鸟、丹鸟等，最初是部落图腾，逐渐成为旗帜、服饰上的可视化符号。周代冕服制度中，将凤视为帝王象征和符号标识，公、侯、伯因其与帝王的宗法血缘关系，可以与王共享凤的装饰权，正如凤的家族成员一样。子、男、卿大夫则因血缘关系的稀释而身份降低，从而被剥夺了凤的装饰权。符号的有无，成为辨明身份，区别角色等级的重要标志，是古代冕服制度的鲜明特色。

随着社会发展，将鸟禽、铭文置于官服之上，以提醒、督促官员迅速进入社会角色，规范角色行为，完成角色扮演任务。其中，仙鹤、锦鸡、孔雀、云雁、白鹇、鹭鸶等凤属成员，由于不同程度地拥有凤鸟某种神圣、吉祥或德才内涵，逐渐渗透到官员服饰中，其中最为典型的便是明清官员常服中的补子装饰。

然而，最先将官服纹饰与品级联系起来的皇帝应属武则天。《唐会要》卷三十二载：“天授三年（692 年）正月二十二日，内出绣袍赐新除都督制史，其袍皆刺绣作山形，绕山勒面文铭曰：‘德政惟明，职令思平，清慎忠勤，荣进躬亲。’”意思是为了勉励都督制史，武则天特命人制作绣袍，袍上绣以山水和文字，激励他应该谨记光明正大行事，做到公正无私，工作要清廉、谨慎、忠诚、勤敏等。天授五年（694 年），武则天又赏赐给诸文武三品以上者以铭文袍，袍上都绣有动物图案。《唐会要·卷三十二》记载：“延载元年（694 年）五月二十二日，出绣袍以赐文武官三品以上，其袍文仍各有训诫。诸王则饰以盘龙及鹿，宰相饰以凤池，尚书饰以对雁，左右卫将军饰以对麒麟，左右武卫饰以对虎，左右鹰扬卫饰以对鹰，左右千牛卫饰以对牛，左右豹韬卫饰以对豹，左右玉铃卫饰以对鹘，左右监门卫饰以对狮，左右金吾卫饰以对豸文。铭皆各为八字回文，其辞曰：‘忠贞正直，崇庆荣职，文昌翊政，勋彰庆陟，懿冲顺彰，义忠慎光，廉正躬奉，谦感忠勇。’”对此，《旧唐书·舆服志》也有相同记载。后又规定千牛卫饰瑞牛，左右卫饰瑞马，骁卫饰虎，武卫饰鹰，威卫饰豹，领军卫饰白泽，金吾卫饰辟邪，监门卫饰狮子。唐太和六年又许三品以上服鹘衔瑞草、雁衔绶带及对孔雀绫袄。这类纹饰均以刺绣，按唐代服装款式，一般应绣于胸背或肩袖部位。

到玄宗时将这种绣有动物图案的袍的服用扩大到诸卫郎将。德宗时又扩大到节度使、观察使，规定凡赐节度使袍，所绣图案为鹘衔绶带，观察使则为雁衔仪委（一种瑞草）。这以后我们看到鹘衔绶带紫袍和雁衔瑞草绯袍向一般中央文官中普及。到文宗时，又将异文袍的服用超出赏赐范围，制度化为三品以上依官职不同可服鹘衔瑞草或雁衔绶带或对孔雀绫，四品五品可服地黄交枝绫，六品以下常参官可服小团窠绫。再以后不闻有关异文袍的敕文。①

可以说，武则天时期的纹饰与品级相联系的创意丰富了中国古代官服等级标示的图像符号，增强了其视觉效果，虽然没有形成完备的制度，但在元代作为胸背装饰传承下来，可以视为明清补服的最早来源。赵丰在《蒙元胸背及其源流》中分析了近十件实物胸背，发现金色图案为元代胸背常用图案，如"蓝地鹰兔纹织金胸背""罗地销金飞凤麒麟纹胸背""水波地云龙纹织金胸背腰线袄""卍字地双兔云龙胸背日月双肩织金大袖袍"等。也有人研究元代胸背装饰题材，发现云龙纹、凤穿牡丹、鹰逐兔、花间卧鹿、纯花卉纹等，都是当时流行纹样。②从服饰传承角度来看，唐代将官服纹饰与品级相连，以及元代的服饰胸背装饰，对于明代官服补子的产生是有一定影响的。明代伊始，便宣敕"胡服之禁"，诏复衣冠如唐制。《新唐书·车服志》记载文官官服花式，有鸾衔长绶、鹤衔灵芝、鹊衔瑞草、雁衔威仪、俊鹘衔花、地黄交枝等名目。洪武六年（1373 年），朝廷对官服做了新的规定，之后继续修订，洪武二十四年（1391 年）定制后基本稳定。《明史·舆服志》载："（洪武）二十四年定，公、侯、驸马、伯服，绣麒麟、白泽。文官一品仙鹤，二品锦鸡，三品孔雀，四品云雁，五品白鹇，六品鹭鸶，七品鸂鶒，八品黄鹂，九品鹌鹑；杂职练雀；风宪官獬豸。武官一品、二品狮子，三品、四品虎豹，五品熊罴，六品、七品彪，八品犀牛，九品海马。"也就是说，明代官员常服的前胸和后背各缀上一种方形丝织物，上面绣有鸟纹、兽纹图案的丝织物，此乃明代官服修订的最大创新之处，元代胸背上无等级差别的龙、凤、麒麟及鹿等其他动物至此有

①李斌城等：《隋唐五代社会生活史》，中国社会科学出版社，2004，第 61 页。

②王渊：《服装纹样中的等级制度》，中国纺织出版社，2016，第 5-6 页。

了等级上的差别，“衣冠禽兽”之语也由此而来。

明代官服补子制度一直延续到清代，成为古代宫廷服饰中十分典型的服饰文化现象。清朝取代明朝后，补服制度得以沿用。经过数个帝王的不断更定和完善，顺治帝时期，清朝补服制度基本形成，直至乾隆二十四年《皇朝礼器图式》完成，补服制度基本确立下来，此后没有太大变动。据《清史稿·舆服志》所载，其补服制度如下：文一品补服前后绣鹤，武一品补服前后绣麒麟；文二品补服前后绣锦鸡，武二品补服前后绣狮；文三品补服前后绣孔雀，武三品补服前后绣豹；文四品补服前后绣雁，武四品补服前后绣虎；文五品补服前后绣白鹇，武五品补服前后绣熊；文六品补服前后绣鹭鸶，武六品补服前后绣彪；文七品补服前后绣鸂鶒，武七品补服前后绣犀牛；文八品补服前后绣鹌鹑，武八品补服如武七品；文九品补服前后绣练雀，武九品补服前后绣海马；都御史、副都御史、按察使、给事中、御史等补服前后绣獬豸。

以鸟禽纹饰区别官职，使人容易将其与少昊以鸟命名部落联系起来。凤鸟在自然界的家族成员众多，锦鸡、孔雀、鹭鸶、鸂鶒、黄鹂、鹌鹑、练雀各自具备其人文内涵，犹如“百鸟朝凤”之寓意，符合古代社会的政治文化思维习惯。正所谓“衣必有图，图必有意”，在服装中饰以吉祥图案并赋予其符号意义到了明清时期已经发展至较为成熟完备的阶段，其中的符号功能较为系统，因此某些禽鸟、兽类、花卉、草虫都具有相应的吉祥瑞意内涵。《大学衍义补遗》卷九十八载：“我朝定制，品官各有花样。公、侯、驸马、伯，服绣麒麟白泽，不在文武之数；文武一品至九品，皆有应服花样，文官用飞鸟，象其文采也，武官用走兽，象其猛鸷也。”在古代文化中，凤及其家族成员常用来比喻德才兼备、贤明之士。两千多年的中国封建文化是以德、以礼法管理社会，儒家思想观念和科举制度使“学而优则仕”、辅佐明君治理天下成为文人雅士的最高理想。而官服补子图案上的鸟禽象征意涵则与这种政治理想完美融合起来。文官一品用仙鹤，其寓意来自《诗经·小雅》中的“鹤鸣九皋，声闻于天”，比喻官员奏对天子之意。仙鹤是仅次于凤凰的吉祥之鸟。二品文官用锦鸡图案，其羽毛色彩绚丽，乃凤属成员，还能驱鬼辟邪，象征吉祥。三品文官图案是孔雀，乃贤德、文明的瑞鸟，是吉祥、富贵的象征。四品文官图案云雁飞行有序，行止有礼，是文明礼仪的象征。六品文官图案是鹭鸶，俗称白鸟，羽毛洁白，寓意廉洁守法。七品文官图案是鸳鸯或鸂鶒，鸳鸯成双成对，象征忠心不二。八品文官图案用鹌鹑，象征平安吉祥。九品文官图案用练雀，常衔绶带，象征富贵和权力。

在君臣、父子、男女壁垒和等级森严的礼治社会中，“非其人不得服其服”，官员补服的穿用也有规定，高品官可穿下品服，而下不得僭上。文官能遵此制，武官却常下越上，穿公侯伯及一品之服，而低品常服少有人穿。据记载，乾隆年间，八旗都统金简是武二品兼文二品户部侍郎，他认为自己的两个品级是一样的，在补服上都应该有所显示，便别出心裁地在其补子上的狮子尾部又绣上一只小锦鸡。皇帝在召见时看到金简的补子上的图案与规定的不一样，竟然绣有两只禽兽，非常生气，立即下令将金简革职查办。①

明清两代的补服有很多相似之处，但其款式、用色、图案等亦有所区别。从款式上看，明代补子多用于袍服之上，且胸前背后的图案都是完整的。早期的补子尺寸较大，约 40 厘米，制作精良，直接织就于袍料之上，随衣剪裁，仍称为“胸背”。清代补服多用于褂服之上，其形式为圆领、对襟、平袖，袖长及肘，衣长至膝下，比袍短一尺左右，门襟有五颗纽。补服胸前、背后各补缀一块绣有禽鸟或动物的丝织物，较明代为小，

①刘静轩：《符号学与明清补服研究》，《美与时代》2012 年第 10 期，第 106 页。

约 30 厘米。一般而言，皇室成员用圆补，官员用方补，寓意“天圆地方”。由于褂服为对襟样式，前胸的补子一分为二，扣好衣襟则合二为一。需要注意的是，明代补子图案也常用于忠静冠服和保和服上。[1]

[1]王渊：《服装纹样中的等级制度》，中国纺织出版社，2016，第 72-76 页。

从色彩上看，明代尚红，因此，只有四品以上的官员以及某些专门司职官员才可以使用红色补服。其他官员补子色彩多用素色，如绯色、绿色，四周没有边饰。后来，将图案单独织绣于一块面料之上，再补缀于袍服，称为“谱子”或“补子”。明晚期，由于财政困难，一些补子的工艺水平有所下降。《皇朝礼器图式》编撰完成后，明确规定补子皆用石青色。清代蓝色和石青色是高贵的色彩。

从图案上看，明清补子图案有诸多相似之处，但也略有不同。明代文官补子均用双禽，比翼双飞，相映成趣；武官则用单兽，或立或蹲，威风凛凛。但在晚明时期，补服上的补子出现了分开制作的样式。江西高安胡镇墓出土的明代嘉靖年间补服，其面料为花卉杂宝纹暗花缎，补子图案是上下翻飞呼应的孔雀，周围以卷曲流畅的云纹和流水纹相配。值得注意的是，补子是以妆花手法织出，同时是由两个半片不同的孔雀纹样组合而成，工艺精湛，令人惊叹。清代补服上的图案有的与明代相同，有的则为新增。补子底色多为深色，绣以彩色丝线，图案艳丽，补子四周多有饰边，较明代素色补子更为醒目美观。补子四周增饰有花边，并把禽鸟定为单只。清代官职繁多，故补子也较明代为多。故宫博物院典藏一件清朝六品文官补服，补服由元青色团寿字暗花绸制成，圆领，对襟，平袖端，裾四开。胸前背后各缀一纳纱绣鹭鸶补子（图 2-2），补子以元青素纱为地，用正一丝串针法绣海水、云和卷草纹，其上以斜缠针、施毛针、套针等绣鹭鸶、红日。配色以蓝白为主，明黄色绣边框，显得端庄大方。

图 2-2 鹭鸶补纹手绘图

有人对明清补子的形制进行了深入研究，认为自然界中的补子纹样所描摹的动物形态千差万别，但在补子设计过程中的创造与变化，却抹杀了动物形态的特征差别，尤其是清代的禽类补纹，动物的形态程式化了。[①]禽类足部的蹼、爪、颈部及喙不再有明显的差异，不少禽类纹样都呈现为单足而立、双翅展开状。[②]笔者更关心的是，凤鸟家族的形象为何在补子上呈现出程式化的状态？首先，当然有设计习惯或设计便利方面的考量。其次，由于仙鹤、云雁等分别标识着不同身份和等级，在等级十分严格的社会中，次等阶层往往艳羡高等阶层的生活，表现在服饰上，则高度模仿高等阶层的着装风格、行为举止等。而补子图案的设计者模糊不同等级禽鸟的身体特征，仅保留其主要标识。对次等阶层着装者而言，让那些没有资格穿着补服的普通百姓观看到象征着德行才能或高贵身份的图案，

①王渊：《补服形制研究》，东华大学博士学位论文，2011 年。

②王渊：《服装纹样中的等级制度》，中国纺织出版社，2016，第 120 页。

却无法辨别其等级，往往产生神秘而膜拜的感觉，于是仿佛得到某种心理慰藉。

当然，在明清官员的常服补子之外，凤鸟也经常栖息于臣子公服、朝服革带、绶带、冕冠之上，虽不是补子，但对体现穿着者的身份地位起到了辅助作用。明代朝廷对官员朝服所佩绶带的图案也有明确规定，虽然不似补子那样严苛，例如一、二品官员可以共用同样的云凤四色花锦，三、四品官员共用云鹤花锦，其等级递差意义十分明显，可以说是常服用补子纹饰在其他服饰上的变通体现。

第三节　凤与后妃贵妇服饰

当我们谈到中国古代后妃时，常常会将皇后喻为鸟中之王凤凰，与皇帝一起龙凤呈祥，后妃贵妇们则如同百鸟一般簇拥着皇后。自周代开始，以天子冕服为中心的宫廷后妃命妇冠服礼仪在此后三千多年的历史沿革中，始终未经历根本性变动，其最初意义在于载德承礼，维系政治伦理，后逐渐形成堪称世界之最的冠服等级制度。起初，凤在后妃贵妇服饰中主要扮演着神巫助手、升仙坐骑、娱神乐仙的角色，其宗教、政治功能尤为重要。自唐代开始，凤的神仙气息下降，世俗意蕴渐浓，其装饰和社会功能上升，后妃贵妇服饰中凤的身影频繁出现。

一、凤与后妃贵妇冠髻装饰

古代十分注重“冠”，因其居头之上，上与天近，冠的形制更要体现对天的崇拜。“天”字的本义就是人的头顶，甲骨文、金文都是在“大”字上加一横或圆点以表天。

1968 年，四川广汉三星堆遗址出土了一座晚商的青铜立人。他浓眉巨目，阔鼻大耳，气宇非凡，头戴华美的冠冕，身着龙纹左衽长襟衣，赤足佩脚镯，手上似乎握着某种法器，似乎在告诉我们，他是一位正在祭祀中的大巫。安阳殷墟妇好墓中出土的诸多动物、鸟类器具中，有两件玉凤配饰。一件是凤钗，一件是玉佩。据研究，妇好是商王武丁的配偶之一，生前曾多次带兵出征，并立下赫赫战功。同时，她也是占卜官，还曾主持重要的祭祀活动，位高权重。我们似乎可以推断，凤钗装饰于头部，玉佩挂于身侧，并非局限于装饰功能，很可能是祭祀活动中，助力妇好通天达神的通行证，或者是娱神乐鬼的礼器。

周代政府专门设有管理王室服饰生活资料的官职，如玉府，掌管王室燕居之服和玉器；内司服管理王后的六种礼服；追师管理王后的首服（头饰）等；屦人管理国王、王后所穿的鞋靴。

秦始皇好神仙，希望能够长生不老，凤是能够通天达地的神鸟，也许是为了娱神乐鬼，同时彰显宫廷后妃的身份尊贵，《中华古今注》中记载，秦始皇以“金银作凤头，以玳瑁为脚，号曰凤钗”，并“令三妃九嫔……蹲凤头履”。这是关于凤钗的最早的文字记录。

汉代求仙长生的风气依然不减，《妆台记》记载，汉武帝时王母下凡，侍女们的飞仙髻、九鬟髻上都插着“凤头钗、孔雀搔头，云头篦，以玳瑁为之”。这种风气影响了宫廷后妃命妇的冠髻装饰。步摇在汉代成为皇后、长公主等的最高礼服首饰构件，《后汉书·志第三十· 舆服下》记载，太皇太后、皇太后头上的发饰尤为复杂：“剪氂簂（帼），簪珥。珥，耳珰垂珠也。簪以瑇（玳）瑁为擿，长一尺，端为华胜，上为凤皇爵，以翡翠为毛羽，下有白珠，垂黄金镊。左右一横簪之，以安簂结。诸簪珥皆同制，其擿有等级焉。”皇后“假结、步摇、簪珥。步摇以黄金为山题，贯白珠珰为桂枝相缪，一爵（雀）

九华（花），熊、虎、赤罴、天鹿、辟邪、南山丰大特六兽。《诗》所谓‘副笄六珈’者。诸爵兽皆以翡翠为毛羽。金题，白珠珰绕，以翡翠为华云。”这里的“簂”乃“帼”，是妇女专用的头圈，其形状或为圆形，或为花瓣，一般戴在发髻之上，加上一支一尺长的横簪固定，再加上各种装饰。簪的一头为玳瑁擿。皇后的庙服和蚕服也是戴假发、步摇、玳瑁凤凰簪。步摇装饰是以黄金为山形底座，周围以白珠装饰，再以翠羽制成的云朵装饰，还有熊、虎、赤罴、天鹿、辟邪、南山丰大特六兽，爵和兽都以翠羽为毛，装饰白珠。从凤钗到凤凰爵、凤凰簪，后妃命妇冠髻之上的凤鸟形象越来越华丽，但需要注意的是，此时的凤钗多以鸟雀为形，造型写意，却冠以“凤”字。

魏晋时期，宫廷女性冠髻装饰在汉代步摇的基础上增加花草树木，凤钗也很受珍视，但多为宫廷女性头上的诸多装饰品，也为士族门阀所喜爱。晋代王嘉《拾遗记·晋时事》记载，石崇有宠婢翔凤，善于鉴别玉石，便命她“调玉以付工人，为倒龙之珮，萦金为凤冠之钗，言刻玉为倒龙之势，铸金钗象凤皇之冠”。就是在玉上雕刻倒龙，用黄金筑成凤钗，制成凤凰之冠。这是最早的关于凤冠的文字记载。当然，此时的凤冠与宋明清时期的凤冠区别很大，翔凤之凤冠是为装饰和炫富之用，后来的凤冠增加了政治伦理内涵。顾恺之《女史箴图》中，仕女头上的簪钗成对地佩在额上，底部有山题，即底座，再连缀着弯曲细枝，枝头弯曲如小鸟雀之形，枝上还粘着羽毛。仕女画家黄均等指出，这应该是三国魏晋时的金爵（雀）钗，可以与曹植《美女篇》中“头上金爵钗”之句相呼应。在出土文物中，也出现金雀装饰。内蒙古科尔沁左翼后旗毛力吐出土有金凤鸟冠饰。吉林集安的禹山墓区出土有魏晋时的凤首形金牌饰，配以摇叶等。

在宫廷冠髻装饰上，可以说，隋唐以前凤尚未完全成为高贵女性身份的象征，而对自然环境元素的直接模拟，便成为礼服冠的主要装饰构成手法。[①]隋唐时期，后妃贵妇冠髻装饰多承汉魏时期的步摇和花树造型，以自然界花草树木、飞禽走兽为主要内容，并增添花钿、花钗、博鬓等元素，形成一整套礼仪冠饰。在出土文物和敦煌壁画中，我们可以看到，此时的凤并非后妃命妇礼服冠髻装饰的主角。唐代宗室女李倕墓中，出土一顶装饰华丽的冠，以金质打造冠底和边框，层层花叶、孔雀尾翎、方胜、双鸳鸯等装点，并镶嵌上绿松石、琥珀、珍珠、螺钿、白玉形花朵、红宝石、玛瑙、金粟等。最夺人眼目的是正面的美丽的孔雀尾翎，以金框出，层层叠叠，还用一颗颗细粒绿松石嵌入，表现出孔雀尾翎上的翠绿圆斑。冠上还有两支金凤钗，凤钗的尾翎也是用绿松石镶嵌圆斑，冠底边框、凤钗等处都有珠子垂下，将步摇与花树造型很好地融合在一起。

唐人爱凤凰，在唐诗中处处可见凤凰，在宫廷女性常服发髻装饰中也经常看到它的身影。唐代浓烈的民族精神和极度的开创性意识使宫廷女性日常发髻妆饰大胆开放，样式繁多，以新奇华丽为时尚。唐代发钗上多饰凤凰，徐凝有诗句“凤钗翠翘双婉转，出见丈人梳洗晚”。唐代女诗人杨容华《新妆诗》中也说道：“凤钗金作缕，鸾镜玉为台。”西安惠家村出土有鎏金银钗一对，凤凰抖翅欲飞，栖息于花树上，造型极为美观。

在唐代壁画、石椁线刻画的女子头上，也可以看到多姿多彩的凤钗样式，大致可分为两类。一类是凤凰体积较大，有舒展、刻画细致的翅膀和尾羽，口不衔珠滴、花结之类。另一类是凤凰体积较小，翅、尾显得写意一些，口衔珠滴、花结之类，若女子行动起来，会姗姗摇动，也有步摇的特点。唐高宗和武则天的孙女永泰公主墓中，出现了许多身着胡服的人物形象，其中石椁内北面东间雕刻着的侍女，面容秀美，梳着盘叠式螺髻，插着玉簪，装饰着金珠和金凤。西安章怀太子李贤墓

①扬眉剑舞：《从花树冠到凤冠——隋唐至明代后妃命妇冠饰源流考》，《艺术设计研究》2017年第1期，第20页。

石椁线刻仕女图，有一位发髻上簪着凤凰钗，凤凰扬翅，尾羽翘起，口中衔着灵芝形步摇。唐代懿德太子李重润墓石椁上的线描画（图 2-3），表现一位女官头戴高冠，冠正中嵌一朵珠花，两边各插一支凤钗，凤凰口中各衔一件玉佩、珍珠串成的挑牌，犹如步摇之意，形制已经和宋代凤冠有些相似。唐代吴道子《送子天王图》中佛母摩耶夫人头上正中位置，也有一只凤凰花钗，口中不衔珠滴，展翅而起，十分醒目（图 2-4）。该图虽然描绘佛教天王和王母，但其发髻装饰也是唐代宫廷女性冠饰的反映。西安市长安区韦洞墓壁画中，西壁的一位侍女头上则有一件凤形衔珠钗，身形纤巧，类似步摇。敦煌莫高窟第 130 窟壁画《都督夫人礼佛图》中的女供养人“十三娘”，发髻上插两支凤钗，凤凰口中则衔着珠滴流苏。

五代大臣和凝为了粉饰太平写下《宫词百首》，描绘了宫廷女子的日常生活。其中，“香鸭烟轻爇水沈，云鬟闲坠凤犀簪。珠帘半卷开花雨，又见芭蕉展半心”。宫女们在春日深阁中无聊闲坐，鸭形香炉中升起沉香烟雾，云鬟上坠下用犀牛角雕出的凤簪。可见，以凤装饰冠髻仍为五代时期后妃、宫女所用。

唐代宫廷女性发髻也用花钿装饰。花钿本是用于面部妆饰，其质地形状千差万别，最简单的可以是一个小小的圆点，复杂的可以用金箔片、珍珠、鱼鳃、鱼鳞、黑光纸、螺钿壳、云母、翠羽等材料剪成花朵、鸟雀、动物形状。在发髻上，多用金、银、宝石、珍珠、玉石、翠羽等材料制成花钿，当花钿与凤凰（雀）结合在一起，叫作钿雀。唐代温庭筠《菩萨蛮》中说道：“宝函钿雀金鸂鶒，沉香阁上吴山碧。”西安韩森寨唐墓出土的宝相花型花钿，直径七厘米，制作得十分精巧细致，枝叶由细小金粟环绕而成，嵌着细小的红蓝宝石，花心当中站立一只金制的凤鸟，凤鸟由金丝编成，立体感十足。

图 2-3 李重润墓石椁线描画手绘图

唐代梳篦装饰发髻十分常见。齿疏者为梳，齿密者为篦，原为梳理头发的工具，后发展为发饰插于头上。梳篦为饰，始于南朝，传至中晚唐而盛行于世。唐代宫廷女性以高髻和插梳篦为美，梳篦质地有象牙、金、银、玉、翡翠等，雕镂龙凤、花鸟、人物等图案，更高级者则镶嵌珠玉宝石。《捣练图》《宫乐图》中都可看到饰梳篦的女性形象。梳篦可以单插，也可以上下对插，可以在发髻上多处簇插，都会露出梳篦背，梳篦背上往往装饰鸟雀图案。李贺诗句“鸾篦夺得不还人”，说明梳

图 2-4 送子天王图手绘图

篦上装饰有鸾凤图案。可以想见，当这些凤钗一对对地相对而插，招摇于唐代女郎的高髻上，该是多么美丽。

五代时期，宫廷女性冠髻装饰承接唐风并向奢靡夸张方向发展，出现了鸾凤髻。鸾凤髻，是形似鸾凤的发髻，或者是在发髻上装饰着鸾凤钗。五代冯延巳有词句曰："凤髻不堪重整。"前蜀王建墓出土的石棺床上有女乐伎俑，头上有梳鸾凤髻，把头发编成鸾凤的首、翅膀、身子和尾羽。这种发髻梳妆时应该十分费工夫，要用细铁丝缠绕。

图 2-5 曹元忠姐姐凤冠手绘图

有人指出以凤的造型制成的冠或者有凤元素装饰的冠即是凤冠。在唐及五代宋时期的敦煌壁画中，出现了以凤为造型的凤冠。莫高窟中唐 158 窟中王后凤冠样式比较简洁，是最早出现的凤冠。五代至宋代的 341 窟、427 窟、256 窟、192 窟等壁画中忽然大量涌现贵妇戴凤冠的形象，她们都是归义军节度使夫人及眷属，比晚唐的节度使夫人更加大胆地效仿唐宋皇后礼制。节度使夫人的凤冠比皇后的凤冠略小，正中有一展翅的凤立在莲花宝座上，两侧是步摇花钗，装饰着满头翠绿玉珠，华丽之至。[①]如图 2-5 所示，瓜州节度使曹元忠的姐姐头顶一个巨大的凤凰形发冠，有人认为，这可能是细绳和发胶之类粘成的假发髻，上面装饰宝石、珠玉。笔者认为，此装饰应为冠，而不是发髻。凤鸟装饰乃是黑色，与脸庞两边的发色相同。我

①谭婵雪：《中世纪服饰》，华东师范大学出版社，2016，第 209 页。

图 2-6 于阗皇后曹氏凤冠手绘图

们将元忠的姐姐画像与敦煌莫高窟 98 窟中于阗皇后画像做一比较之后，会发现二者发式和装饰十分相似。于阗皇后曹氏凤冠（图 2-6）基本遵循唐代后妃冠饰制度，头戴镶满绿色宝石的凤形金冠，发髻之间插满四瓣形宝石花钿，基本上遵循了唐代后妃花钗礼冠、博鬓覆笄的发式，但与《礼仪典》《舆服志》里的冠髻规定相比，随意增加了凤的元素。这至少说明了两个问题：其一，唐人对凤的热爱深深感染了西域回鹘民族；其二，西域地区远离中原，可以对后妃冠髻装饰稍作改动，为宋时的凤冠奠定基础。无独有偶，在柏孜克里克石窟壁画中，人们发现一位头戴如意金冠的王室贵族女性，她的冠饰仿照唐朝博鬓样式，发髻上装饰着金凤、花钗和步摇，层层叠叠的金耳环下垂至肩，显得尤为华丽富贵。

图 2-7 宋钦宗皇后冠饰

宋代宫廷女性仍旧喜爱凤饰冠髻，可能是受了时尚影响，后妃命妇礼冠在隋唐五代花钗冠基础之上加了龙凤元素，时常以“龙凤花钗冠”称呼，而凤的有无或多寡逐渐与身份尊贵与否联系起来。《宋史·舆服志》记载：“皇后首饰花一十二株，小花如大花之数，并两博鬓。冠饰以九龙四凤……皇太子妃首饰花九株，小花同，并两博鬓。”《政和五礼新仪》也记载如是，妃制则“去龙凤”，“冠饰以九翟四凤”。翟为五色雉，是凤的家族成员之一。命妇冠髻仿照后妃形制，“花钗冠，皆施两博鬓，宝钿饰”。但不同品级命妇的花钗、宝钿数量皆不相同，最为醒目的是缺少了凤饰，以辨明身份。然而，在实际操作中，后妃冠饰并未完全遵从礼法，出现了增添花鬓、龙凤数量的现象。在宋钦宗皇后冠饰（图 2-7）中，可以看到一侧大龙 1 只，小龙 4 只，凤鸟 2 只。另外，皇室女性常常以珍珠宝石、翡翠羽毛等制作为花朵鸾凤的形象，装饰簪钗和梳篦，插满头，叫作头面。《东京梦华录》说：“公主出降，又有宫嫔数十，皆真珠钗插，吊朵，玲珑簇罗头面。”还有“花朵，珠翠头面，生色销金花样幞头帽子，特髻冠子”等。

总体看来，凤在隋唐以前的宫廷女性冠髻装饰中一直未曾缺位，其使用功能从最初的神巫标志、求仙助手，逐渐演变为装饰求美工具，以隋唐五代为盛。宋朝开始，凤在后妃冠髻中的阶层区隔功能逐渐上升，这与凤的社会性别和政治性别固化密不可分。

朱元璋推翻元朝统治后，在意识形态领域提倡恢复汉族文化传统，在服饰文化上上承周汉，下采唐宋，以火德王天下，制定出一整套冠服礼仪制度。凤在宫廷女性冠髻上的使用较之前朝更为严格。明洪武初，宫廷女性常服冠，冠以各种类型的鸟雀装饰来区分不同等级，皇后享用双凤翊龙装饰、妃亦可使用鸾凤，但妃以下各品则分别用不同数量的翟、孔雀、鸳鸯、练雀等凤属家族成员装饰。《明会典》《明史·舆服志》记载，洪武三年、永乐三年制定的皇后在受册、谒庙、朝会时均佩戴“九龙四凤冠”，皇妃起初规定佩戴“九翟四凤冠”，永乐三年又改为“九翟冠”，以示等级不同。

永乐三年对九龙四凤冠的制作方法做了详细说明，《明史·舆服志》“其冠饰翠龙九，金凤四，中一龙衔大珠一，上有翠盖，下垂珠结，余皆口衔珠滴，珠翠云四十片，大珠花、小珠花数如旧。三博鬓，饰以金龙、翠云，皆垂珠滴”。有意思的是，定陵出土了孝端、孝靖两位皇后凤冠各2顶，冠制分别为三龙二凤冠、六龙三凤冠、九龙九凤冠和十二龙九凤冠，均不符合冠服制度。孝端皇后的九龙九凤冠以漆竹丝编织为圆形帽胎，面料以丝帛制成。冠上层有金龙九条，口衔珠滴，中层有八只翠凤，下层以三排珠串绕饰，背面上部站立一翠凤，凤口皆衔珠宝结，系珍珠 2 颗，红蓝宝石各 1 颗。龙凤之下都以翠云为装饰，共 44 片。冠顶用宝石和串珠制成花卉，并镶嵌上红蓝宝石。冠后有博鬓六扇，左右各三，上面装饰有金龙、翠云、珠花等。据统计，这顶凤冠共镶嵌宝石 115 块，珍珠 4414 颗。在三龙二凤冠上，共有宝石 95 块，珍珠 3426 颗。十二龙九凤冠上，共有宝石 121 块，珍珠 3588 颗。六龙三冠上，共嵌宝石 128 块，珍珠 5499 颗。[①]可以想见，金龙、翠凤、珠光宝气堆积于皇后头顶，流光溢彩，富丽堂皇，同时也说明，明代后期宫廷冠髻装饰已然突破明初的节俭，奢侈之风盛行。

①王秀玲：《明定陵出土帝后服饰（三）》，《收藏家》2009 年第 11 期，第 29 页。

明代凤冠继承了宋时花钗龙凤冠的样式，但在工艺上充分运用了点翠工艺，使凤冠更为富丽堂皇，凸显皇后的威仪。点翠工艺是中国传统金属工艺和羽毛工艺的结合，翠，即翠羽，翠鸟之羽。翠鸟的羽毛防水性强，光泽感好，色彩艳丽，久用而不褪色，自古受到后妃贵妇阶层喜爱。到了明代，点翠工艺多用于后妃冠饰制作。具体做法是，先用金、银等金属做成不同图案的底座，再把翠鸟的羽毛仔细地镶嵌在底座上，以制成各种首饰器物。据《珠翠光华》所说，点翠之翠羽一般剪自活翠鸟脖子周围的羽毛，当年为了制作明代皇后的凤冠，曾用了十万只翠鸟。该记载略有夸张之嫌，但足以显示皇后地位之高贵。

晚明时期，后妃礼服与常服所用冠饰，以及命妇冠饰的实际操作出现了混乱与僭越现象。与后妃相比，明代命妇的礼服冠被称为“翟冠”，公、伯、侯及一品冠用金装饰，珠凤改为珠翟，不同品级使用不同数目的珠翟。翟本是凤形象的参考对象之一，其形态与凤十分接近，因此，在民间口语中“翟冠”也被称为“凤冠”。

根据规定，明代藩王及其王妃所用的金玉珠宝首饰应为朝廷所管辖的内府银座局专门定制，必须严格遵照礼典和册封等

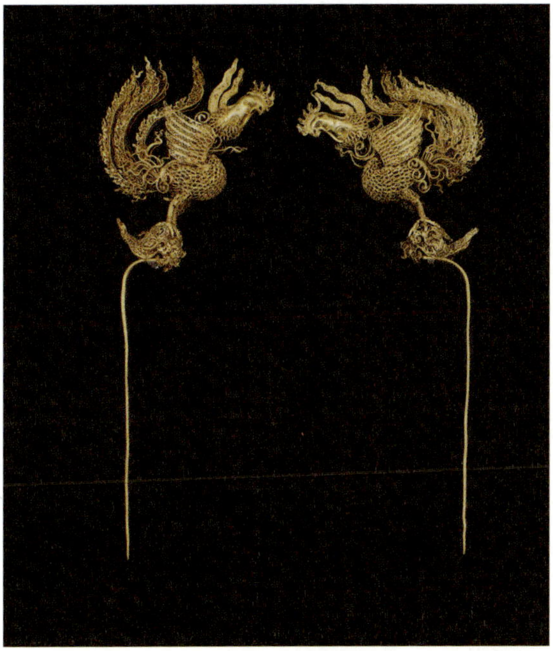

图 2-8 金凤簪

级规定。在江西南城益端王朱祐槟的王妃彭氏墓，出土了一对外观华美大方、长达 22.5 厘米的累丝金凤簪，除凤头用金片成形外，全身都采用累丝法制成。金凤脚踏朵云，昂首挺胸，硕大美丽的五根尾羽向上翻卷，玲珑剔透，精美绝伦。簪脚上刻有“银作局永乐贰拾贰年拾月内成造玖成色金贰两外焊贰分”的楷书小字。除此之外，明代梁庄王墓内也有一对金凤簪（图 2-8），由此可见，藩王王妃凤冠所用凤簪形制样式不能有所改变。

明代后期，地方藩王家族成员则日益繁多，开支庞大，银座局无法满足王室宗亲对于金银器件的巨大需求。藩王妃冠髻首饰重量大大缩水，益庄王元妃王氏、益宣王元妃李氏所用的金凤簪由 150 克缩为 54 克左右，工艺水平也有所下降，此时的凤簪用金片制成，省料省工。为此，有藩王自掏腰包，提高“待遇”。据研究，益宣王孙妃所用的衔珠金凤簪 1 对，虽然也是由金片捶、焊接而成，但连珠重 170 克，大大超过益庄王元妃王氏和益宣王元妃李氏。簪脚内款上的“益国内宝所成造”，表明此簪可能是孙妃册封为继妃时，由益宣王“自掏腰包”打造。确实，在益王墓中，部分金器上铸有一行奇怪的字样：“益国内典宝所”。在一些铜器上，也铸有“益国主命内典宝所”以及“典服所”等字样。研究者认为，当时益王府内确实有一支专业的工匠队伍。管理这支队伍的，正是藩王典宝所。

明代宫廷女性盛行鬏髻。《明史·舆服志》记载:“洪武三年定制,凡宫中供奉女乐、奉銮等官妻,本色鬏髻。”“本色”指的是鬏髻上所包裹织物颜色与体服颜色相同。后妃命妇着常服时,戴特髻。这里的“特髻”就是鬏髻。起初,鬏髻只是用织物制成,后来,鬏髻发展为用金丝、银丝编织而成的框架,中间空空,使用时将其罩在头顶发髻之上,用发簪固定。宫廷女性鬏髻装饰往往十分华丽。故宫典藏的明代妇女容像中命妇戴的便是特髻,上面装饰的翠云、宝钿等虽不如一品夫人凤冠华丽,但凤鸟口衔珠结的发簪形制相同。挑心是鬏髻头面中最重要的部分。挑心的簪脚一般竖直向上平直伸出,或与簪首呈一定角度向后伸出,因此,需要自下而上挑着插戴。挑心常用的纹饰为人物、凤鸟和文字。益宣王孙妃墓出土了一副王母驾鸾金挑心簪,通长 12.5 厘米、凤高 3.8 厘米、凤宽 7.5 厘米,重 80 克。挑心上一只鸾凤昂首挺胸,呈展翅飞翔状。翅、背、尾部均焊有花托,其上镶嵌红蓝宝石。鸾尾上饰一尊王母坐像,头戴花冠、背有宝光,身披云肩、广袖长裙,双手捧持一支莲花,神态慈和安详。

满族统治者入关后,曾推行剃发易服令,废除中国古代汉族的冠服制度,强制推行满族的服饰,后引起满汉民族矛盾,顺治帝又许可“男从女不从,十从十不从”的服饰规定。因此,清代宫廷女性冠髻装饰基本传承自满族女性风俗和审美,然而,长期置身于源远流长、博大精深的汉文化中,清代宫廷服饰也吸收和继承了汉族传统服饰元素。

清代宫廷妇女的发髻装饰出现了从简朴到华丽的转变过程。清初,宫廷女性沿袭满族妇女辫发、中分、缠头而成的盘髻发型。故宫博物院所藏的《孝庄文皇后便服像》上,皇后额前髡发、中分、辫发、盘髻,呈麻花状盘于头顶。画像中孝庄文皇后已步入老年,这幅画像创作时间最迟是康熙早期,由此推断这种发型在康熙早期仍为皇室中老年女性所梳理。[①]康熙至雍正年间，宫廷女性发髻发展为圆髻，其造型逐渐高大丰满，髻上装饰较之以前更为华丽。乾隆时期，宫廷出现了一字头发髻，其主要特点是横式发髻，扁而宽，发髻大过髻座，二者呈现T字形。

①王柯：《清前期的皇族旗髻》，《美术观察》2013年第11期，第117页。

清代后妃在祭祀、册封等重要场合多戴朝冠，朝冠分冬季朝冠和夏季朝冠。《大清会典》记载，乾隆时期皇后“冠施凤，顶高四重，上用大东珠一，下三重贯东珠三，刻金为三凤，凤各饰东珠三，冠前左右缀金凤七，各饰东珠九猫睛石一，后缀翟鸟饰猫睛石一，承以朵云垂珠为步摇，凡五行二就，行间施圆青金石衔以金缀东珠珍珠各六，冠下施金约周蔽前后，缀东珠十有三主，相间处饰青金石结珠垂后为步摇，五行三就，行间施方青金石二，衔以金各缀东珠珍珠八”。其他妃嫔因等级不同，朝冠上所装饰东珠、金凤等饰品数量也不同，妃嫔所用金凤为五只。

钿子也是清代宫廷后妃发髻的主要饰品。根据满族女子平日旗头发型，在皇帝登基、大婚等吉庆盛典上，后妃礼服冠帽上多装饰钿子。《道咸以来朝野杂记》记载：“妇女著礼袍褂时，头上所带者曰钿子。钿子分凤钿、满钿、半钿三种。其制以黑绒及缎条制成内胎，以银丝或铜丝之外，缀点翠，或穿珠之。凤钿之饰九块，满钿七块，半钿五块皆用正面一块，钿尾一大块，此所同者。所分者，则正面之上，长圆饰或三或五或七也。凤钿除新妇宜用，其他皆用满钿，孀妇及年长妇人则用半钿。”[②]这类钿子一般用藤丝编成帽架，或者在细铁丝或纸板上用黑色丝线缠绕成胎，再编成钱纹、方格纹、盘肠等形式，并用各种珍珠、宝石嵌于其上，组成各种吉祥图案。故宫博物院典藏的点翠嵌珠宝五凤钿以铁丝、纸板为架，其外缠绕以黑丝线编织成的网状纹饰，表层全部点翠。前部缀5只金累丝

②崇彝：《道咸以来朝野杂记》，上海古籍出版社，1982，第33页。

凤，上嵌珍珠、宝石，口衔珍珠、宝石流苏。金凤下排缀 9 只金翟，为银镀金质，口衔珍珠、珊瑚、绿松石、青金石、红蓝宝石等贯串的流苏。用大珍珠 50 颗，二、三等珍珠几百颗，宝石二百余块，珠光宝气，珍贵豪华，主要在吉庆场合和传统节日时戴。其做工精巧华丽，反映了清代首饰制作工艺技术水平。

总体看来，中国古代后妃贵妇的冠髻装饰品类繁多复杂，但经过历史和岁月的积淀，凤成为宫廷女性冠髻装饰的最高等级标识，人们以戴凤冠，插凤钗，佩凤篦等为荣，统治者甚至会颁布法令禁止凤冠的僭越现象，究其原因，离不开古代社会人们对凤的崇拜及其蕴含的身份等级文化内涵。

二、凤与后妃贵妇体服装饰

宫廷后妃贵妇体服中的凤鸟形象是随着历史发展而不断演变的，商周时期以燕子、雉类为主要造型代表，此后，孔雀、雉鸡、鹌鹑、练雀等鸟类中最美丽的部分都被融入凤鸟形象中，成为古代宫廷女性体服中最为精彩的华章。

《周礼·天官下》记载："内司服掌王后之六服，袆衣、揄狄、阙狄、鞠衣、展衣、缘衣，素纱。"其中前三种属于祭服，袆衣是玄色，衣服上彩绘雉鸡，揄狄是青色，阙狄是赤色，揄狄与阙狄均用彩绢刻成雉鸡之形，缝在衣服上作为装饰。但是，在南方楚国，凤不仅是神鸟，而且是楚人祖先祝融的精魂化身，因此，楚人对凤的情感超出了中原地区的礼制规范，对凤的崇拜达到痴迷的程度。这里的凤超出了中原雉鸡的形象，融合了楚人所能想象的禽鸟特征，呈现出美、壮、奇的艺术特征。在已发掘的马山 1 号墓、望山 1 号墓、包山 2 号墓等处，出土了数百件楚国丝绸实物。这些丝织品纹样题材丰富，包括动物、植物、人物和几何类。其中，较引人注目的是凤鸟纹样，在马山1号墓出土的18幅刺绣纹样中，有17幅绣有凤鸟形象，诸如回首舞凤纹、变形凤鸟纹、三首伴花凤鸟纹、龙凤虎斗纹、飞凤蟠龙纹、舞龙舞凤纹、一凤二龙纹、一凤三龙纹、龙凤共体纹等，凤的形象既丰富多彩，又自然而美丽动人，真是极尽构思之能事，把楚人尊凤爱凤的思想感情完全显露出来了。[①]据研究，马山1号墓墓主为女性，古代社会妇女的着装要随着丈夫的官阶而定，而该墓出土的衣物种类、面料等表明，墓主应属于"士"级命妇。因此，分析该墓女性服饰中的凤鸟形象，有助于了解楚国宫廷女性对凤的喜爱和运用风尚。根据考古挖掘报告，我们知道墓主人穿着服饰顺序由内至外如下：凤鸟花卉纹绣红棕绢面绵袴（N25）、深黄绢面单裙（N24）、深黄绢面夹襦（N23）、舞凤飞龙纹绣土黄绢面绵袍（N22）、大菱纹锦面绵袍（N19E）。外面的包裹之衣由内及外顺序为：小菱纹锦面绵袍（N16）、小菱纹锦面绵袍（N15）、对凤对龙纹绣浅黄绢面绵袍（N14）、一龙一凤相蟠纹绣紫红绢单衣（N13）、素纱禅衣（N12）、凤鸟花卉纹绣浅黄绢面绵袍（N10）、龙凤虎纹绣罗单衣（N9）、深黄绢面绵袍（N8）。

①宋公文、张君：《楚国风俗志》，湖北教育出版社，1995，第483页。

在龙凤虎纹绣罗单衣的单元纹样（图2-9）中，凤鸟居于画面中心，侧面而立，凤目圆睁，凤喙大张，身体紧绷，足踏一条龙，一翅伸出如利剑，直捣逃龙，另外一翅扫向猛虎，后者仰首曲颈，哀鸣痛苦之状跃然而上，凤鸟头上美丽的花冠也因其身体态势而向后飘扬。该刺绣图案结构紧凑而富有张力，将楚凤与北方之龙、巴蜀之虎相搏斗的场面表现得淋漓尽致。在楚先民的历史记忆中，凤鸟图腾是战斗力极强的灵物，代表楚地民族精神气概，具有雄壮好斗的一面。据研究，春秋末期，吴人一度攻占楚国的郢都，被楚人视为"封豕、长蛇"。后来，越国灭掉吴国，当初被视为蛇的龙和被视为龙的蛇合为一体，成为楚人东方的大患。战国中期，楚国灭掉了越国。春

图 2-9 龙凤虎纹绣罗单衣纹

秋初期，信奉虎为图腾的巴人曾打败楚文王的军队，后被打得一蹶不振。[①]因此，在楚人体服图案中，常出现龙凤相斗，或凤虎龙相搏的战争场面。在一件浅黄色绢面绵袍上，刺绣有三头凤和大花朵组成长条形图案，中间的凤鸟大腹便便，正面而立，顶着高高的头冠，头部形状如枭，两腿略弯作半蹲状，双翅分别为一凤鸟头，朝向中间，其中一边的凤鸟头上曲折延展出华美的条形花枝。每幅纹样有两只三头凤作对角配置，长 57 厘米，宽 49 厘米（图 2-10）。整个“三头凤”形象庄严、富丽，颇有气势。这种平面展开的构图方式实际上传承自商周以来青铜器装饰中动物纹样造型手法。

①张正明：《凤斗龙虎图像考释》，《江汉考古》1984 年第 4 期，第 96 至 100 页。

《山海经》里记载有两首、三首、四首、六首、八首乃至

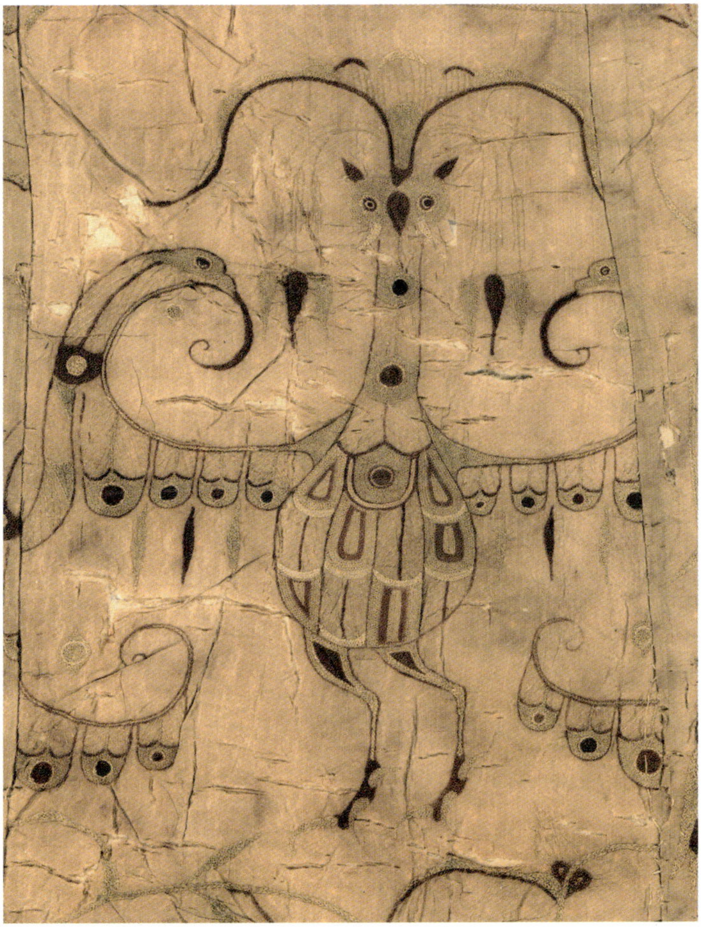

图 2-10 三头凤纹

九首等多头奇鸟、怪兽、神人，这些多头的鸟、兽、神似吉善者居多，或可御火避灾，或可防凶逐疫，其中“三头”为最吉最善者。如《西山经》：“翼望之山……有鸟焉，其状如乌，三首六尾而善笑，名曰鵸䳜，服之使人不厌，又可以御凶”。《南山经》：“基山……有鸟焉，其状如鸡，而三首六目，六足三翼，其名曰䴅鸺，食之无卧。”在古代，凤鸟是主持四季变化的风神，随着四季交替和气候变化，风神的形象亦各不相同。有学者认为，这只神秘怪诞的“三头凤”便是鹞或鹰的图像，代表五月的物候，又是南方的象征。①

①彭浩：《楚人织绣纹样的历史考察》，载《楚文艺论集》，湖北美术出版社，1991，第266至273页。

《后汉书·舆服志》也记载了汉代统治者对服饰色彩、图案、材质的规定。“公主、贵人、妃，嫁娶得服锦绮罗縠缯，采十二色，重缘袍。”“特进、列侯以上锦缯，采十二色。六百石以上重练，采九色，禁丹紫绀。三百石以上五色采，青绛黄红绿。二百石以上四采，青黄红绿。贾人，缃缥而已。”凤在此时也多用于宫廷或贵族阶层。据出土的服饰实物所见，西汉时期的服饰纹样，题材以变体云纹、变体云中龙、变体云中凤、豹纹、鸟纹、菱纹、花叶纹、藤蔓纹等为主。[①]除此之外，两汉服饰纹样中常夹杂“万寿如意”“长乐明光”“新神灵广成寿万年”“韩仁绣纹衣右子孙无极”“延年益寿大宜子孙”等汉体铭文，表现了封建统治阶级期望长生不老、子孙众多、皇权永固，分享神仙欢乐等思想。凤鸟此时更多地表现为神仙生活中常见的仙禽，也是凡人升仙助手。从审美角度看，汉代服饰审美与楚人一脉相承，凤在服饰中的形象更为抽象。长沙马王堆出土的乘云绣虽然不是服饰图案，但也表现出汉代另一种凤鸟造型。凤鸟被简化解构成不同元素，身体被隐藏在漫天飞舞的流云中，仅露出眼睛、凤喙或凤爪。

①黄能馥、陈娟娟：《中国服饰史》，上海人民出版社，2014，第173页。

南北朝时期，来自少数民族的服饰纹样丰富了中原地区的审美，凤在服饰上的形象也趋于写实。西藏噶尔县门士乡的苯教寺庙古鲁甲寺寺前古墓出土的北朝《王侯羊王锦》中，双凤、双龙、双羊形象写实，背向而立，凤的造型继承了汉晋时期云兽纹的表现手法，但从局部上看，又比汉代更加写实和细腻。

隋代服饰整体上处于思变的过程。来自中原和西域的丰富多彩的服饰纹样，受到贵族阶层的青睐，由此开创了一代新风。在敦煌石窟中各种雕塑佛像的服饰上，首先出现了华贵艳丽的锦绣织品，打破了原来一贯单色的局面。联珠纹饰是隋代服饰中最常见的一种纹样，原盛行于中亚波斯等地，后经过西域传入黄河流域和长江流域。联珠环绕中分别以狮凤、斗兽、花卉等为主题图案。[①]其中，菱格狮凤纹是在联珠组成工整的几何形菱格中，分别填饰狮子与凤两种图案。狮子与联珠属于西域外来文化，凤与菱格纹是中国传统图案，狮凤同组显示出中西文化的融汇。莫高窟隋代第420窟中彩塑菩萨的内衣图案是狮、凤相对纹样，学界将其图案构成方式命名为交波骨架。从吐鲁番和青海都兰出土的丝织品来看，交波骨架流行于北朝至初唐。[②]莫高窟427窟的菩萨胸部服装上，也出现了菱格狮凤纹（图2-11）。在新疆藏经洞中，还发现隋朝的列堞骨架凤纹。列堞骨架是指由涡卷状的云气纹构成的曲波形骨架，每层曲波用直线相连，形成类似西方建筑中的拱形柱廊。在藏经洞发现一例红地楼堞龙凤虎纹锦（MAS.926）织物正面为白花红

①谭婵雪：《中世纪服饰》，华东师范大学出版社，2016，第78页。

②赵丰、王乐：《敦煌丝绸》，甘肃教育出版社，2013，第124页。

图2-11 菱格狮凤纹手绘图

地，背面为红花白地，龙纹及龙身形成楼堞状的骨架并饰有涡状卷纹，凤纹（或朱雀纹）和虎纹交替换行横立在楼堞骨架之中。

隋唐五代宋宫廷女性礼服中，凤及其家族成员翚翟是十分重要的装饰主题。唐代礼服主要由衫、裙、帔组成，到了五代、宋服发展为大袖衫、霞帔、长裙，这种衣服在北宋成为后妃的常服。此时礼服主要指皇后、妃嫔、内外命妇在正式场合所穿服装，较之汉魏的六服之制，以及北周系统的十二等级之服饰，隋唐五代时期的后妃礼服相对简单。隋文帝时规定，皇后礼服分为四等，即袆衣、鞠衣、青服和朱服。唐代高祖时期，将皇后服装简化为袆衣、鞠衣和钿钗礼衣三等。《武德令》对这三等服饰有详细记载："袆衣，首饰花十二树，并两博鬓，其衣以深青织成为之，文为翚翟之形。素质，五色，十二等。素纱中单，黼领，罗縠褾、襈，褾、襈皆用朱色也。蔽膝，随裳色，以缬为领，用翟为章，三等。大带，随衣色，朱里，纰其外，上以朱锦，下以绿锦，纽约用青组。以青衣，革带，青袜、舄，舄加金饰。白玉双珮，玄组双大绶。章彩尺寸与乘舆同。受册、助祭、朝会诸大事则服之。鞠衣，黄罗为之。其蔽膝、大带及衣革带、舄随衣色。余与袆衣同，唯无雉也。亲蚕则服之。钿钗礼衣，十二钿，服通用杂色，制与上同，唯无雉及珮绶，去舄，加履。宴见宾客则服之。"看来，根据场合规格不同，不同礼服上的章彩纹饰各不相同，其中以翚翟、雉的有无来区别。

唐代女子服饰形象分为三类：襦裙装、女着男装和女着胡服。和凝的《宫词百首》中说道："两番供奉打球时，鸾凤分厢锦绣衣。虎骤龙腾宫殿响，骅骝争趁一星飞。"说明在宫廷女性服饰中，鸾凤是常见纹样。唐代服饰文化善于吸纳异族元素。唐代前期对中原影响极大的胡风主要来自丝绸之路的西域以及中亚、西亚，并以高昌、回鹘风最盛，回鹘妇女服装与回鹘舞蹈对唐代宫廷与贵族妇女产生较大影响。回鹘装的特点是翻折领连衣窄袖长裙，衣身宽大，下长曳地，腰间束带。在唐代，宫廷后妃和命妇体服上的凤纹装饰种类基本分为三类：凤衔花枝、翔凤花叶和列堞骨架凤纹。在敦煌莫高窟中，多处出现身穿回鹘装的女供养人。第 409 窟、第 205 窟、第 10 窟、第 61 窟的女供养人都穿着回鹘装，其中，曹议金夫人供养像衣领上的凤衔花枝纹样和袖口的莲台立凤纹样十分清晰，显示出统治阶层对佛教和凤鸟祥瑞的偏爱。其中，凤鸟或高高站立，嘴头衔花枝，展翅欲飞往天空，或依随领口走势，昂首向上，整个纹样宛如飞天的飘带，抒情感十分明显。在构图上既是对鸟又各在一侧，融翻领和袖口为一个整体。在贵妇的帔巾上，人们也可看到翔凤花叶纹。花叶丛中，两只凤鸟相向展翅站立在莲花宝座上，既表现其欲凌空翱翔之动感，又赋予了佛教的韵味；神化了凤鸟，又突出了石窟供养人的主题思想，与整个环境气氛更协调一致。在中国丝绸博物馆珍藏的唐代服饰绣品上，我们可以看到两只站立的凤，以及两只残凤。两只残凤中间有缠枝垂下，因此可推测其主体部分是一对衔着缠枝的凤凰。从造型上看，这个绣品上的立凤与都兰出土的鎏金铜饰上的立凤非常类似。

与北宋相邻的辽国曾占领燕云十六州，俘获了宋朝很多能工巧匠，辽王室贵族对中原文化十分喜爱。在使用龙纹和凤纹上，契丹族更为宽容，一般的贵族和皇亲国戚都可以用龙凤纹作为装饰。在内蒙古通辽市的一座辽代公主与驸马合葬墓中，出土了 1 件“鎏金银冠”，银冠用银丝连缀 16 片镂雕鎏金薄银片制成。前面 2 片，左右两侧各 3 组 6 片，后面 2 片。银片边缘多呈云朵形，唯后面上片为山形。前面下片正中錾刻一道教人物像，并錾刻云朵、凤凰。前面上片錾刻双凤。两侧下部

2组银片上亦錾刻凤凰。后面2片均刻双凤、云朵。冠前面缀21件镂雕凤凰、花卉纹饰的圆形鎏金银牌、1件宝珠形鎏金银牌饰和2件立雕鎏金银凤凰。[①]同墓还出土了1件高翅鎏金银冠，冠顶呈圆形，两侧有立翅，上宽下窄，各向外敞。全用鎏金薄银片制成，通体镂空、錾花。正面及立翅均饰相对凤凰，展翅欲飞，周围衬以缠枝花卉。纹饰和谐典雅，富有民族特色。除此之外，同墓又出土了金花银靴2双，由此可以推测，公主也许十分爱穿凤纹装饰的靴子。凤靴由薄银片制成，靴口椭圆形，靴筒上宽下窄，外侧略呈扇形，靴头较尖，底细长微凹。靴筒上錾刻有4只凤，靴面錾刻着2只凤，每一只凤旁有4朵祥云，錾花处均鏤金，两双靴的图案布置略有不同。

①孙建华、张郁：《辽陈国公主驸马合葬墓发掘简报》，《文物》1987年第11期，第10页。

明初后妃体服基于隋唐五代，短襦、长裙，大衫、霞帔等构成常服。礼服形制和装饰则仿照男性圆领袍衫。根据冠服制度，明代后妃会穿着缀有补子的补服，补子图案一般依配偶身份地位而定，也根据时节不同制作，如万历年间的“一年景”补，补子左右两边的凤凰纹样一颠一倒，构图生动，表现出均衡的美感。

据统计，明代定陵出土丝织品共600余件，集中代表了明宫廷后妃服饰的样式和纹样特点。其中，凤纹是常见的装饰元素，一般表达两类内涵。其一，显示着装者的女性身份和尊贵地位，此时，凤纹常常与花卉结合在一起。如凤舞莲花，两凤对舞于莲花之间，凤莲相间排列，莲花与翔凤十分自然地融为一体。当凤与缠枝四季花卉组合时，凤的姿态时而上升，时而下降，翱翔于牡丹、莲花、菊花、芙蓉之间（图2-12）。牡丹代表富贵，莲花象征贞洁与贤淑。这些都符合后妃的尊贵身份和封建的伦理规范要求。[②]

②王秀玲：《明定陵出土丝织纹样（中）》，《收藏家》2010年第5期，第47页。

其二，表达吉祥如意的文化内涵。在孝端皇后的一件卍字喜龙凤纹罗纱夹衣上，前后各有补子，前补上可以看到，龙凤

图 2-12 凤穿四季花卉纹手绘图

戏珠纹置于正中，上面装饰着象征福寿绵延的卍字纹。背补上同样有卍字，正中为一正面龙，龙下为海水江崖纹，江崖两侧各有一只昂首飞翔的凤。从图案设计上看，明代的凤蕴含着明确的女性指代意义，在两性关系中，常常处于被俯视的位置。皇后礼服补子上龙的体态相对庞大阳刚，凤的体态则娇小纤细，常常处于从属地位，一般在龙的下部或边角位置，在孝靖

图 2-13 龙凤呈祥服饰纹手绘图

皇后的方领夹衣补子上，装饰着龙凤梅花，在这里，龙和梅花处于主导地位，翔凤与海水江崖一起被放置于补子下方。只有当凤与龙一起传达吉祥如意寓意时，团龙与翔凤则被分别置于缠枝牡丹或缠枝莲花之间，龙凤上下相连，暂时享有相等的文化地位（图 2-13）。

清代女性体服分为两类，一类是满族女子服装，即上下连属的旗袍，一类是汉人女子上衣下裳形制的袄裙、衫裙等。清初，宫廷后妃贵妇大多穿用满族旗人装束，以旗袍为主，清入关后，逐渐接纳汉族服饰元素，如云肩、龙凤造型等。

《清实录》记载，顺治十一年四月，议定皇后、妃嫔、和硕亲王福晋、固伦公主以下、辅国公夫人以上，顶珠服饰等制。《清实录》："皇后服色，用凤凰、翟鸟、缀珠衣，黄缎、蟒缎、妆缎、补子各色等缎"、"皇妃、和硕亲王福晋、固伦公主、九嫔、世子侧福晋、多罗君王福晋、和硕格格，用翟鸟、蟒缎、妆缎、补子等缎。禁用凤凰、缀珠衣，黄色、秋香色。"可

图 2-14 石青色八团龙凤纹妆花缎女夹褂

见，凤凰、翟鸟乃最高等级纹饰，除了皇后，皇室女眷一概被排除在外，说明以凤喻后的观念在清代服饰文化中深入人心。除了身份等级不同引起图案配色、面料工艺等差异外，不同节庆典礼场合所穿服装亦不同。

首先，凤乃皇族女性象征，可以双凤朝阳，可以龙凤呈祥，构成服装主题图案。在祭祀典礼场合，其服装用色往往典雅庄重，图案简洁大气，凸显皇家威严。在戏曲剧目旦角服装女蟒中，太后、太君、皇姑等贵人在公开场合所穿的朝服，非常华贵庄重，属于蟒袍一类，其主体纹样多为形态各异的凤纹，有飞凤、立凤、团凤等。

在故宫博物院收藏的一件乾隆年间石青色八团龙凤纹妆花缎女夹褂（图 2-14）上出现八团妆花织金龙凤纹，织造者用深浅二色圆金线交替织出龙纹、凤纹，利用金线的深浅变化，突出龙纹的立体感，并与舞动的凤纹相呼应，达到阴阳对比的

图 2-15 龙凤女夹褂局部纹饰

视觉效果。值得注意的是，龙凤女夹褂上的凤鸟显得凌厉狰狞，只见凤眼圆睁，凤喙弯曲，凤翅大张，凤尾较短，与之相对的飞龙亦是如此，颇具王者风范（图 2-15）。服饰纹样布局简洁大气，与褂底的海水江崖一起营造出强烈的威严气氛。

在寿诞、年节庆典中，凤则化身为吉祥瑞意之鸟，与蝙蝠、鹿、蜜蜂、四季花卉等一起构筑起永生永乐的理想图景。故宫博物院收藏的酱色缎织八团喜相逢夹褂的主要纹样是蝴蝶、蝙蝠、寿桃等构成的喜相逢图案，凤鸟与四季花卉、蜜蜂、蝙蝠、寿石、仙鹤、鹿驮宝瓶、鸳鸯、如意、地景、寿山福海等一起，形成“一路平安”“福寿如意”等吉祥场景。在另一件石青色绸绣八团龙凤双喜棉褂上，匠人运用平针、平金、戗针、套针、钉线等针法，彩绣八团龙凤双喜字等纹样。据《大清会典》定制，石青色花卉褂一般是皇元孙福晋、镇国公夫人、辅国公夫人等的吉服褂。[①]这件双喜棉褂（图 2-16）是清代皇后大婚合卺交祝时所穿，又称“龙凤同合褂”。褂上凤纹做工精细，设色丰富饱满，衬托出大婚时的喜庆与热烈。除此之外，后妃的足服也喜爱用凤装饰。如现存于世的香色凤头靴，据记载，此靴乃后妃所用。一方面，该靴保留着游牧民

①张琼主编：《清代宫廷服饰》，商务印书馆，2005，第 84 页。

图 2-16 双喜棉褂局部手绘图

族左右无差的穿着习惯，另一方面又吸收了汉族描龙绣凤的装饰特色，靴头用盘丝绣凤翅包裹，靴跟以荷花护住，以增强其耐磨性。只见靴尖上凤头挺立，展翅欲飞，将功能性和装饰性完美结合起来。

总体观之，中国古代宫廷服饰中，凤最初的神巫特性、政治祥瑞和德才寓意使它及其家族成员成为帝王官员服饰上的主题纹样，或用以昭示王权的合理合法，或用来辨别官员的身份，提醒其承担的责任等。随着社会发展，凤的男性气质逐渐让位于女性气质，成为后妃贵妇的象征符号。随着凤文化意蕴的变迁与丰富，凤在宫廷服饰中不仅可以与龙、海水、江崖等一起起到震慑天下、稳固皇权的作用，也可以与云、蝠、花卉、鹿、瓶等表达福寿绵长、吉祥如意的愿望。

第三章

凤与民间服饰

凤凰承载着预言般的吉祥寓意从原始氏族的美好愿景中缓缓走来，走进帝王的宫室之中、贵族女子的服饰之中，历经了数千年的演变与传承，终在民间生活与民俗文化相互交融、升华，形成新的民间艺术形态。

第一节　凤之吉祥瑞意

所谓“祥瑞”，自古以来被称为“符瑞”“福应”“瑞应”等，其表现载体主要包括天地、动物、植物、器物、矿物等。自古以来，“龙凤呈祥”就代表着吉祥如意，也正是这种独特的标识性质使其成为一种思想层面上的祥瑞崇拜。从演变过程和思想根源上来看，凤之祥瑞是原始社会氏族的图腾崇拜、逐渐过渡为皇室专用的政治化祥瑞符号，而后成为近现代以来民间百姓祈福求瑞的神灵。凤作为吉祥瑞鸟，承载着人们真挚的向往和期盼，最终成为民间公认的吉祥符号。

一、图腾崇拜

众所周知，在原始社会，先民对世界的认知甚少，人们生活的重心是简单的刀耕火种的集体劳动，很大程度上仰赖自然的恩赐。生存是当时的第一需要，人们希望借助某种手段可以过上风调雨顺、无比安乐的生活。图腾就产生了对于图腾的解释，严复有云："图腾者，蛮夷之徽帜，用以自别其众于余众者也。"这种学说便将图腾崇拜在生活中的实际作用定义为一种区别于其他氏族的标识，这种标识也是氏族的血缘区别，被视为图腾的物象也自然被视为是本氏族的血亲，是氏族的保护神。凤最初在原始社会中充当的"庇佑"角色，这也反映出原始先民对自然社会认识度低下的情况下所共同产生的民族心理，其"庇佑"的呈现方式即氏族的图腾崇拜，属于信仰崇拜的范畴。

关于凤图腾的崇拜，在《尚书・益稷》中有"箫韶九成，凤皇来仪"的描述。相传箫韶之曲连续演奏，引得凤凰随乐声翩翩起舞，这一现象被时人视为祥瑞的征兆。另《吕氏春秋・古乐》中有"因令凤鸟、天翟舞之，帝喾大喜"的记载，五帝中的高辛氏被认为具有鸟的某种品格，再次印证殷商氏族与凤鸟有关联，也从侧面解释了殷人崇凤心理的原因。又有《诗经》"天命玄鸟，降而生商"的记载，古人认为商人始祖的诞生是其母吞服玄鸟之卵的缘故，出于对殷商的尊敬和崇拜转而崇凤。此时凤承载的更多是一种关于祖先崇拜的敬意，这种表达最直接的表现就是进行尊天敬祖祭祀活动，祭祀活动时所用的青铜器，即"铸鼎象物"之物就是图腾。据相关资料不完全统计：商周时期饰有凤纹的青铜器和凤形器物就有两百余件。[①]古时人们将原始的祖先崇拜理念转载到祭祀所用的青铜器皿中，就是因为其对"祖先庇佑后代"以及"凤能带来祥瑞"深信不疑。加之凤在青铜器上以"装饰纹样"的形式出现并充当着一种人神之间沟通的重要媒介，凤的祥瑞文化与图腾之间的联系自然变得密不可分。

①中国青铜器全集编辑委员会编：《中国青铜器全集》，文物出版社，1996，第 266 页。

另外，提及崇凤的源远习俗，最狂热的族群非楚人莫属，这一点可以从楚国出土物品上的大量凤鸟纹样装饰得到证实。且这种凤鸟崇拜的观念多与太阳崇拜有联系，据《白虎通·五行》“其精为鸟，离为鸾”记载，楚人的祖先祝融正是火神兼雷神，地位与日神相近；屈原也在《离骚》中自称为天帝太阳神的苗裔。由此可以看出楚人将凤凰与太阳置于同等重要的地位，认为二者皆是其祖先的化身。正是在这种自然崇拜的主导下，人们意识到天上的太阳和地上的火堆能为大地带来光热能量，凤与太阳、凤与火就因此有紧密的联系。然而，针对“凤纹是否为楚人的图腾”的讨论，有学者通过对楚国丝绸中的“龙凤合体”造型探析和对楚人祖先的“观象授时”职业要素的考证，研究发现此种造型设计源于楚人对于天文学原理的描绘，故而认为楚人崇凤是天体崇拜的范畴，并非是图腾崇拜的范畴。[①]无论如何，楚人对凤的喜爱，都表现了他们在意识空间内对于宇宙的敬畏感、对祖先的崇拜之情。因为在楚人的传统中，祖先观测天象的职业事迹会深深根植在楚人的潜意识里，这种随即带来的民族自豪感和荣誉感愈发会激起民族信仰，因而滋养了楚地文化中特有的巫风文化，人们以此习俗活动来沟通天地，祈祷神灵和祖先对族人后辈的庇佑。

①张庆、方敏：《楚国丝绸中的龙凤合体造型探析》，《丝绸》2017 年第 1 期。

总的来说，古人崇凤的心理不论归于图腾崇拜、抑或是天体崇拜，都是属于自然崇拜的范畴，这其中无不寄托着一种关于真善美的追求和表达，这也都是古人在祈求祥瑞庇佑中的最真挚的心愿。

二、祥瑞使者

凤之祥瑞被视为政治的权利符号，其文化源流可追溯到遥远的史前时期。作为“鸟禽之长”，凤凰“五色备举”，在其神性之中又蕴含着祥瑞之兆，这一点早在上古神话《山海经》中也有相关的印证，其中记载凤“见则天下安宁”。同样，作为上古神话人物的伏羲和女娲也与凤有着紧密的联系，作为中华民族的人文始祖，相传二人都是人首蛇身，“蛇身”并非地面上的普通之蛇，而是空中飞舞的金蛇，即闪电；相传说二人均姓“风”，通“凤”。因此，古人认为伏羲和女娲既是龙又是凤，更是风雨主宰的化身，会带给子孙以丰收的希望。《淮南子·览冥训》中记载：“昔者，黄帝治天下，……于是日月精明，星辰不失其行，风雨时节，五谷登孰，虎狼不妄噬，鸷鸟不妄搏，凤凰翔于庭，麒麟游于郊，青龙进驾，飞黄伏皂。”这是对凤之祥瑞作为政治化工具的初步探讨，以“凤凰翔于庭”来肯定黄帝善治天下的德行，以帝王的善治来宣扬风调雨顺、国泰民安之象。

如果说原始社会和殷商时期的图腾信仰是以一种象征性的标识存在，经过周人灭商的更迭后，凤在“吉祥瑞意”方面的表达方式便开始“具体”起来，与之相关的诸多限制也由此增加。这一阶段内“祥瑞”的表达是一种由“神性”转化为与王权政治相关，其表达形式也更加广泛。其中，最显著的表现就是帝王极其重视凤在政治上的作用，民间也由此产生了凤在各方面“使用”的禁忌。换句话说，这时的“祥瑞”明显是作为统治者彰显王权、管控政治的一种表现。

秦始皇以“五德说”为理论创立一套完整的礼仪制度，对于凤之祥瑞文化的推崇，秦始皇可称得上是第一位崇拜者和践行者。汉代时“凤瑞”之意极其盛行，以至清人赵翼对汉代的感悟中提到“两汉多凤凰”，可见其在政治中的象征意义。在徐天麟撰《西汉会要》中有“乃者凤凰、甘露降集，黄龙登兴，礼泉滂流，枯槁荣茂，神光并见，感受祯祥，其赦天下”的记载，[①]还有“凤凰来仪，庶尹允谐”的记载，“庶尹允谐”一词将君王振奋有为、百姓安居乐业的场景描绘得活灵活现。

①徐天麟：《西汉会要》，上海古籍出版社，2006，第305页。

在《汉书·宣帝纪》中也有："乃者凤皇集泰山、陈留，甘露降未央宫……获蒙嘉瑞，赐兹祉福，夙夜兢兢，靡有骄色。"董仲舒对于祥瑞的政治化进行了全面的探讨，他创造"天人感应"学说，将人类社会的一切归因于天的安排，进而提出帝王治理国家有方，天下才会"凤"现，象征祥瑞以示对帝王的赞赏，反之天下则会出现灾祸，也作为对统治者的一种警示。[①]对此，这种"天人感应"作为一种学说用以解释人与自然的关系，是对王权天授、天命有德的政治解读，而"君权神授"才是提出"天人感应"在政治思维层面的根本目的。反之，君权神授也需要此学说来作为支撑的材料，达到统治阶层以祥瑞治国的政治意图。例如，汉昭帝改年号为"元凤"，三国吴后主孙皓在公元272年改年号为"凤凰"，后又有唐高宗李治在公元676年改年号为"仪凤"。据统计，以"凤"字作年号的例子多达14例，从这里可以看出帝王对凤凰祥瑞气质的无比尊崇之情，"应瑞改元"的政治调整实则也是一种寄托吉祥、加强政治统治的手段。

①李浩：《中国古代祥瑞崇拜的文化诠释》，《民俗研究》2008年第2期，第170页。

唐代祥瑞文化在思想层面上更进一步，关于祥瑞的理论在《大唐六典》中有详细的记载，其中卷四"礼部郎中员外郎"将祥瑞的令式完整保存下来。唐代的"凤凰热"在思想领域上多受到世俗文化观念的影响，最显著的表现在于唐诗中有大量关于凤凰的诗句。唐武后则将凤的祥瑞政治化推向更为神圣的走向。武则天以"凤"自居，改变了自古以来统治者以龙为主、凤作附庸的传统；武后以"凤"御天下，她在把控朝政时将决策机构的中书省改名为"凤阁"、将门下省改名为"鸾台"；尤其是在大臣们进言有凤凰飞入皇宫并且停在梧桐上后，她将其视作政治祥瑞的符号，于是将国号改为"周"、将年号改为"天授"，以此来标榜自己是嘉应天授的政治王权。

宋代的祥瑞灾异之说可谓泛滥，其在正史中的相关记载就颇多，例如《宋史·五行志》中有解释祥瑞灾异的相关记载，《宋会要辑稿》《续资治通鉴长编》中也有专门的篇幅记载，其中龙凤皆属于帝王专属的祥瑞物象。人们将帝王德政德行与祥瑞文化联系在一起，认为祥瑞征兆的出现也是太平盛世的出现。[①]沈约是祥瑞政治文化诠释者的代表，在其作《宋书·符瑞志》中提到："凤凰者，仁鸟也。不刳胎剖卵则至……凤凰为能究万物，通天祉，象百状，达王道，率五音，成九德，备文武，正下国。"再次印证凤凰的出现即昭示君王的仁德，是对君王施政治天下的功德的肯定。[②]同时，这也从侧面反映出正因为凤凰的神性与政治祥瑞的密切关联，故而帝王对于凤凰极度喜爱。

①杨晓红：《宋代的祥瑞与灾异初探》，《西南民族大学学报》2002 年第 6 期，第 189-193 页。

②刘畅：《中国古代符瑞文化的政治功能》，《文艺研究》2011 年第 8 期，第 42 页。

总的来说，祥瑞作为一种重要的文化现实，在政治中预测灾异的功能与其理论体系不断完善与发展。但不论是在政治领域或是民间领域，凤的祥瑞含义都是极其重要的。

三、阶层跨越助手

在长期的帝制时代中，凤所代表的至高无上的象征意义在阶层壁垒中根深蒂固，仿佛平民百姓无法打破阶层格局，摆脱阶层的烙印。然而在凤文化的漫长发展过程中，民间大众对于凤文化的崇拜观念是一种普遍心理，民间百姓因为无法以自身条件改变其社会阶层，于是凤的象征意象逐渐成为民间百姓跨越自身阶层的祥瑞助手。

这里提到阶层跨越包含两个方面的内容：其一，凤是女性在完成社会身份转变时的见证者，凤作为祥瑞之兆是女性完成身份转变的关键；其二，凤作为仙界的神鸟，是古人引魂升天、完成从人到仙的跨越。

关于凤是女性完成身份转变的助手之说，从广义上是指古时民间女子出嫁着凤衣、戴凤冠，经过婚嫁礼仪从而进入新的人生阶段。这里要提到民间广为流传的“骑龙抱凤”故事，就是典型的由民妇到皇后的阶层跨越的民间传说。相传明宣宗皇帝的后宫拥有佳丽三千却无一人合其心意，一日他梦入仙境得到仙人的指点“京城东南方的运河旁，有一骑龙抱凤的女子便是娘娘”，宣宗梦醒后便立即派人前往，在选妃当日人群中有一个骑在墙头抱着公鸡的秃头丫头，不料宣宗皇帝知晓后立即认定这就是自己要找的娘娘，随从人员觉得这个秃头丫头在御前有失体统，于是将其带到河边洗漱一番，结果洗净后的丫头顿时变得美丽起来，皇帝十分高兴，随即带她回京。

这段带有虚构色彩的民间传说虽然不能视作“正史”来参照，但为我们研究凤之吉祥瑞意提供了思路，也正是这种传说中的人文效应，才使得瑞凤作为跨越阶层的助手在民间深入人心，这其中也反映出人们对美好生活的无限期盼。

对于“升仙助手”的功能肯定，先秦时期的人物帛画是一种主要的艺术表现手法。尤其是在楚人的精神世界中，凤是巫觋文化中亡魂升天的助手。1949 年长沙陈家大山楚墓出土的《人物龙凤帛画》反映墓主人以龙凤为助手，从而升到仙界。其主要构图要素中的人、龙、凤，也是继西周人物龙凤合体玉雕之后的新的艺术表现形式。[①]另外，凤是古代亡魂升天中的灵兽，目前一般认为就楚墓而言，凤的形象承担着引魂的功能，专为贵族女性所用。[②]

说及引魂的功能，楚国的镇墓兽则不得不提及。在楚文化的含义中，镇墓兽作为一种随葬品的功能在于引死者的灵魂升天。根据考古资料显示，楚式镇墓兽在东周时期楚墓中十分常见，形状为方体底座，其上为兽首、鹿角，以漆木质地为主。楚文物中最赋特征的器物——虎座立凤木雕也具有相同的功能，其中立凤形象所呈升腾之势可以说是楚人崇凤意识与祥瑞文化相结合的结果。由此可以看出这种镇墓兽在墓葬中的设置

①黄尚明：《汉代及以前有关灵魂升天的艺术作品探索》，《武汉大学学报》（人文科学版）2010 年 7 月第 4 期，第 456-457 页。

②张君：《论楚国神秘器物镇墓兽的文化涵义》，《东南文化》1992 年第 2 期，第 60-73 页。

带有祛凶辟邪的意味，但更多的是争取冥福的祈福功能，是楚人利用凤的祥瑞功能祈求其庇护，与先祖、天地进行沟通，从而完成从人到仙的转变。

还有学者对于楚人的图腾用于引魂升天的功能另有佐证，1982 年湖北江陵马山 1 号楚墓的墓主人是女性，墓中出土的浅黄色绢袍上所绣“怪鸟”与以往的凤鸟纹样不太相同，这种与花卉组合的图案被称为典型的楚风纹样，据考证是凤与猫头鹰的糅合之物。因为猫头鹰在原始信仰中是人神交流的使者，《汉书·郊祀志》中就有“鸱枭群翔”的记载，猫头鹰在王室的祭祀活动中就被视为神灵的使者。[①]由此可知，楚人将氏族的凤图腾与猫头鹰形象相结合，也是对于引魂升天功能的进一步强化。

①鄢维新：《鸱鸮、楚凤与天梯》，《中华文化论坛》2004 年第 2 期，第 64-66 页。

四、民俗文化中凤之祥瑞

凤的祥瑞之意在中国人心中占据重要地位，而这种祥瑞意识历久弥新、步步加强的原因则是民间民俗文化的不断升华。其中，关于凤凰的神话、传说和故事则起到了关键的传播作用，人们根据这些神奇、感动、美好的故事幻想凤凰的形象，感知凤凰的气质，再依此创造凤凰的民间艺术形式。

古人认为凤仅见于太平盛世，与“凤”相关带有极好寓意的词汇中就蕴含着一个个生动美好的故事，例如：“百鸟朝凤”“龙凤呈祥”象征天下太平，“有凤来仪”是帝王宣扬受命的瑞兆；“吹箫引凤”“鸾凤和鸣”则是颂咏婚姻美满……民间大众正是从这些故事中感受凤的神采。

中国人信奉“龙凤呈祥”的文化含义，其原始意义正是祈求风调雨顺，而后逐步演化为婚姻爱情的代名词，与此有关最为经典的便是《列仙传》中所记载的“吹箫引凤”典故。相传在春秋时期，秦穆公有一女闺名弄玉，不仅美貌似美玉，还擅长演奏笙。一日，弄玉吹笙时恍惚听到远处有箫声，寻而不得整日闷闷不乐，思而成疾。直到秦穆公派人找来这位吹箫的少年萧史，弄玉的病不治而愈。此后，弄玉和萧史伉俪合奏，笙箫应和，成为民间羡慕的恩爱夫妻模范。又一日，二人在皎洁的月光下合奏笙箫，有一龙一凤忽然应声飞来，于是萧史乘龙，弄玉乘凤，双双化仙而去。这个传说中的龙凤象征意义的侧重点在于表达人们对于婚姻爱情的祥和、美满的愿景。

相传唐安史之乱之时，唐玄宗李隆基被迫出逃蜀地，长安邻近诸郡告危。城墙因年久而坍塌，于是太守下令全城的百姓共同建筑新城，不料城墙"三建三塌"，一直无法建成。直到一日天降瑞雪，一只驾着祥云的凤凰落在了城里的三眼清泉边饮用泉水，之后在城中行走一圈，长鸣一声后离去。太守知道此事就认为这是具有神性的凤凰在为其指明方向，于是在凤凰足迹中重新选择新城的地址，果然新城一建就再也没有倒塌。于是为了纪念凤凰的祥瑞征兆，唐肃宗继位后遂将雍城改名为"凤翔"。

因为凤凰的故事而命名的地域还有今山东省临沂市河东区的"凤凰岭"，岭上松柏青翠，四季常青，可谓人间仙境。可是很少有人知道这个地方的名字起源于一个美丽的传说。相传很久以前，凤凰岭还只是一个光秃的山岭，在一个冬日里，一个老婆婆来到这里的一对兄妹家中，兄妹俩看着这个老婆婆衣着单薄，十分可怜，于是让老婆婆住在家里悉心照顾，一段时间后老婆婆离开了，在她离开时送给了妹妹一块红布，叮嘱她按照红布上已经勾勒好的形状绣上一只鸟，妹妹经过几日不眠不休的刺绣，一只凤凰在红布上活了过来，凤凰从布上飞出，还生下了一只金蛋，兄妹俩小心收藏。不料这个冬天收到几十只金蛋，来年春天金蛋破壳生了几十只凤凰，它们飞到光秃的岭上，岭上竟然长出了绿草和松柏，十分繁茂。于是，人们就把这个山岭命名为凤凰岭，以彰显凤凰为这个村庄带来祥瑞。

从以上的典故或民间传说可以看出，自古以来，人们将凤凰视为神鸟、瑞鸟。这正是根植于民众心灵深处的民间信仰，以叙事的民间传说的形式助带有神话色彩的凤凰走下神坛，成为大众化的民俗模式。[①]这些带有神话和虚构色彩的传说使得瑞凤在民间民俗文化中得到广泛的发展，在工艺美术、民间器物上都有吉祥凤纹的应用。

①林继富：《神圣的叙事——民间传说与民间信仰互动研究》，《华中师范大学学报》2003年第6期，第11页。

正是出于这种向往美好的心理，人们将想法由民俗艺术形式表达出来，中国民间民俗工艺历史悠久，形式丰富多彩，并且具有极强的艺术感染力。而凤的文化含义在漫长岁月的演变中，其“神性”意味淡化，“人性”意味渐浓，凤向吉祥物的方面转化，民间艺术中凤多了世俗化的烟火气息、更贴近普通大众的生活。王大有先生在《中国龙凤源流》中说：“凤在演化过程中其风格在宫廷艺术中强调的是神格，在民间艺术中强调的是人格。并且由于中国古代与之相关的艺术都是劳动人民创造的，我们从中可以直接感受到人民的审美和以此扩大的民族审美心理和中国文化传统的文化气质。”[②]对此，笔者认为这种“人格”是民俗文化中独有的风格和品格，不同于封建政治中统治者用以标榜身份的威慑性质，民间艺术中的凤是人们对于吉祥喜庆瑞兆的一种单纯、真挚的期盼；可以肯定的是，崇凤的习俗在社会内部任何一个阶层都是存在的，由于皇室专用的特权，平民百姓对凤的喜爱一直以来仅停留在精神层面，或在使用的形式上多有限制。近代以来，随着封建统治的瓦解，“帝王专享”的现象有所转变，人们以凤的各种艺术形象装饰大众生活，以凤的美好寓意寄托人们的美好愿望。

②王大有：《龙凤文化源流》，北京工艺美术出版社，1988，第152页。

民俗文化涉及种类繁多，内容丰富，在民间生活中的衣饰器物、节令风俗、人生礼仪、宗教信仰等方面，凤的形象借各种艺术手法的表达，转而在日常生活中向普罗大众传达吉祥瑞意。根据民间工艺中的凤之吉祥瑞意，笔者结合民间艺术的诸多表现形式将其归纳为三类：实用器物、装饰观赏、精神寄托。从实用器物上来看：凤作为吉祥象征，在民间工艺上最早是原始社会中作为生活用具的陶器，这种“凤纹”做装饰既兼具实用性，又可作观赏性的艺术品，这种“可观、可用”的艺术形式一直延续到后来的彩陶、漆器和瓷器等器物中，具有明显的民间艺术的特征。远古时期人们祭祀所用的器皿上，也有许多神秘的凤纹出现，这种将祥瑞之意直接移用在器具上的手法也一直为后世所沿用。从装饰观赏来看：这一类主要集中在民间手工艺术中，以服饰、装饰品、工艺品。尤其在服饰品中主要以“凤纹”这一吉祥图案呈现，主要运用到刺绣、印染、织造等工艺手法，代表的吉祥纹样有“凤戏牡丹”“龙凤呈祥”“丹凤朝阳”等纹样。其中最具盛名的“凤穿牡丹”纹样因为集合了“吉祥、和美”的意蕴，而在织物上运用最为广泛。从精神寄托来看，这一类的情感表达主要与礼仪、风俗相关，多以人们喜闻乐见的娱乐方式呈现，凤作为一种由观念意识进行物化的神灵造型，通过民间艺人的艺术性手法加强，更加符合民间百姓的审美特征。例如：我国少数民族崇凤的习俗，畲族妇女穿“凤凰装”的悠久习俗，水族赞美凤凰德行的“凤凰歌”等，这些以凤文化为主导引申出来的民俗文化在民间甚是流行。

其中，湖北省洪湖市“赛凤舟”习俗在诸多民间习俗中显得十分独特。我国素来有端午节赛龙舟之俗，关于“凤舟”的由来却少有人了解。相传当年慈禧太后垂帘听政时，对象征自己“帝王”身份的“凤”十分喜爱，大改宫中以往“前龙后凤、上龙下凤”的形制，而民间新堤镇（今湖北省洪湖市新堤镇）在举行“踩街”表演时不小心让龙灯走到了凤灯前面，此事传到了慈禧太后耳中，慈禧迁怒于当地官员，并将其斩首。其他官员十分害怕会牵连自己，于是想出一个举行比赛，让“凤舟”超过“龙舟”的办法。民间巧匠随即打造了一只“凤船”，其整体形似凤凰，朱冠红身，身披五彩羽毛；全长九丈九尺，寓意“久久长寿”；船上配备有划桨手、舵手、锣鼓手共计 100 人，寓意着“百子吉祥”。在端午节那天，新堤镇举行凤舟比赛，凤舟果然超过龙舟获得了第一。慈禧太后听到这个消息后十分高兴，重赏了当地的官员和百姓，于是洪湖新堤镇每年端午节都会举行“凤舟”比赛。[1]“赛凤舟”的习俗一直延续至今，洪湖凤舟也因此获得“中国第一凤舟”的荣誉称号，被收入湖北省非物质文化遗产名录中。

①庞进:《中国凤文化》，重庆出版社，2007，第 204 页。

历经数千年的演变，凤之吉祥瑞意的象征功能始终未变，其形式美和内涵美在细腻质朴的民俗文化中得以继承、创新、发展，演变至今，民间百姓借凤之祥瑞的寓意求吉祥、求顺遂、求天下安宁、求生活美满……这种美好愿景与大众的生活息息相关，深深地积淀于民间文化的强大基因，为我们研究凤与民间服饰的关系提供了新思路。

第二节　凤与民间服装

所谓民间服饰，是相对于社会中上层阶级服饰而言的。与前文所叙述的后妃贵妇服饰以区别身份等级的功能不同，民间服饰的文化内涵和传播范围更为广泛，是民间大众在生活生产中产生的既朴实又丰富多彩的产物。近现代以来，凤的身份等级标识意义逐渐消解，而其性别指代的内涵作为一种传统文化被保留了下来。以“凤”为主题的传统吉祥纹样，在我国古代服饰中具有征兆吉祥、寓意美满的深刻意涵。凤的艺术形象也不再局限于上层阶级的服饰中；就民间服饰而言，凤所蕴含的吉祥瑞意因其民俗性质深受大众喜爱，是民间服饰中具有“人情味”的服饰代表。

一、凤纹内衣

所谓内衣，即是贴身穿着的衣物，因其穿着的私密性，不像其他服装一样出现在如《舆服志》这样记录服饰的典章中，仅在诗文、典故等作品中有相关描述。我国古代传统女性内衣中所蕴藏的情感表达和文化特征相对内敛，传统内衣演变至今，凤凰元素以纹样的形式出现，且运用极其广泛，主要借助图案纹样的的形式表达出来。

中国古代的内衣称作“亵衣”“小衣”，贴身穿着不会轻易示于人前，这种概念是相较于外穿衣物的性质，即在外衣里面穿的衣物皆称为内衣。关于内衣的起源可以追溯到上古时期，且多与原始的生殖崇拜观念有关。换句话说，内衣的产生是一种将实用功能与文化意蕴结合的产物，又在其演变过程中反映出时代的文化价值和特征。先秦时期，内衣的穿用已经在《诗经》中有所记载，《诗经·周南·葛覃》：“言告师氏，言告言归。薄污我私，薄浣我衣，害浣害否？”又有《诗经·邶风·绿衣》：“绿兮衣兮，绿衣黄里。……绿兮衣兮，绿衣黄裳。”如此的描写传达了两个方面的内容，一是在其时代背景下内衣呈现出色彩鲜艳的服饰特征，二是年轻男女已经开始以这种特殊的衣物传达情感。[①]

汉代刘熙的《释名》中有这样的记载：“帕腹，横帕其腹也。抱腹，上下有带，包裹其腹上，无上裆者也。心衣抱腹而施钩肩，钩肩之间施一裆以奄心也。”唐代的周濆《逢邻女》有“日高邻女笑相逢，慢束罗裙半露胸”之句；另外，在许多唐代传世画作，如周昉所作的《簪花仕女图》、张萱所作的《仕女图》中皆有对唐代女性内衣的形制和女子“袒胸露乳”

①黄强：《中国内衣史》，中国纺织出版社，2008，第14-15页。

的刻画。元代关汉卿戏曲杂剧《拜月亭》描述："想张郎……这衫儿穿的着皮肉，这裹肚长系在心头……为风流，成姻眷，恩情美满，夫妇团圆。"[①]明清小说中也有不少情节对妇女内衣形制进行了描写，皆是对表现女性的性感魅力和男女间以物传情功能的肯定，这在侧面上体现了一种时代开放性、情色性的价值取向和审美趋向。综上，《中国历代妇女妆饰》一文根据史籍资料和相关文献归纳了中国历代女性内衣形制。以下表做简要的分析：

①蓝立蓂：《关汉卿集校注》，中华书局，2018，第 492 页。

表 3—1　中国历代内衣形制分析

时代	汉代	魏晋	唐代	宋代	元代	明代	清代
名称	抱腹　心衣	裲裆	诃子	抹胸　裹肚	合欢襟	主腰	肚兜
形制	单片形式，以带连结穿着	胸前、背后各有一衣片	只有前片上可覆乳下可遮肚	上可覆乳下可遮肚纽扣、带子系结	由后及前，胸前用一排扣子或绳带系合	一方布帛以带缚于胸间	上端凹形浅半圆状上端和左右两角有带子
特征	称谓确立形制初立	体制完善内衣外穿	袒胸露乳延续久远	承袭唐制肚兜前身	织锦面料样式创新	样式丰富接近定型	传承完善完成定型
例证	刘熙《释名》	嘉峪关酒泉魏晋十六国墓壁画	传世画作	福建黄昇墓出土实物	甘肃漳县元墓出土实物	山西新绛稷王府墓壁画	传世实物

以上中国历代内衣形制，反映出传统的内衣与一般服饰"三代之制不变"的原则不太相同，内衣的形制演变是在经历新的朝代后皆有所变化。在其名称、系合方式、装饰特征上都有所不同。正是这种一步步的演变才使得其形制和文化内涵更为丰富，成为民间女性表现身体美感和抒发情感的服饰载体。

关于中华传统内衣的效能，有学者将其归纳总结为：遮羞掩体、祈福消灾、卫生保健、身体表现这四个方面。[②]其中"祈福消灾"的效能则是情感表达的部分，即图案纹样的呈现。而传统内衣文化实则是将效能与意蕴相结合。这种以物象寄托情

②潘健华：《中华内衣辨析》，《戏剧艺术》2003 年 6 月版，第 70-71 页。

感意蕴，也正是以纹样用来装饰女性理想的一种特殊美学思想。基于这种文化的表达，象征吉祥喜庆、幸福美满的概念化图案在服饰上有展现。其常用的手法有：谐音与象征法、借喻及表征法、字符与假设法等。这些手法中运用最为广泛的素材就是表达民间追求幸福、追求福禄寿信仰、表达祥瑞之意的吉祥纹样，一般由花草、动物、神话、文字等素材构成，其中龙凤的图案作为一种图腾艺术在表述祥瑞之意中最为得益。① 尤其是对于凤纹的使用，凤作为祥瑞之禽的代表，常与花草组合装饰表达女性的柔美和多姿；又是传达吉祥意蕴的瑞符，常与祥云、灵兽等组合表达人们祈求大吉的寓意。故而在民间的服饰艺术中，以凤纹为主题的服饰深受大众喜爱。

①潘建华：《云缕心衣：中国古代内衣文化》，上海古籍出版社，2005，第98-121页。

值得注意的是，在传统中式内衣的发展演变过程中，晚清至民国这一时期可谓是最具代表性的时期。相较于旧时，凤是帝王皇室女性专用指代，民间百姓不能随意在服饰上使用的严格限制，这时期的民间服饰中开始大量出现由民间艺人提取元

图 3-1 人物题材肚兜手绘图

素再加工的凤形纹样。这一时期是近代民间服饰吉祥寓意纹样最为丰富的阶段，充分反映当时社会妇女对于身体展示的渴望和对婚姻爱情的情意表达。清代女性内衣肚兜兼具实用和文化价值，在整体服饰繁缛的风格影响下，肚兜在纹饰上的刺绣技艺运用十分得益，其传达的情感也极为丰富。例如，民间题材中喜鹊登梅、鸳鸯戏水、麒麟送子等都是大众公认的趋吉避凶、象征吉祥的主题。如图 3-1 所示，这是一件现藏于中国丝绸博物馆的清末时期人物主题的肚兜，大红色缎地绣有一对夫妻乘舟的场景，并配有祥云、蝴蝶、花草、海水的纹样，讲述的是“夫妻双双把家还”的故事，是关于爱情主题的表达。

图 3-2 所示的是北京服装学院民族服饰博物馆藏的晚清汉族杏黄缎三蓝打籽绣平安富贵纹扇形肚兜，纹样主题丰富，凤与牡丹结合，象征花开富贵、吉祥瑞意；小儿踏于莲花之上，谐音“连生贵子”，寓意子孙绵延，健康长寿；牡丹入瓶为“安”，谐音为“平安”，象征“平安富贵”。整体构图饱满

图 3-2 杏黄缎三蓝打籽绣平安富贵纹扇形肚兜手绘图

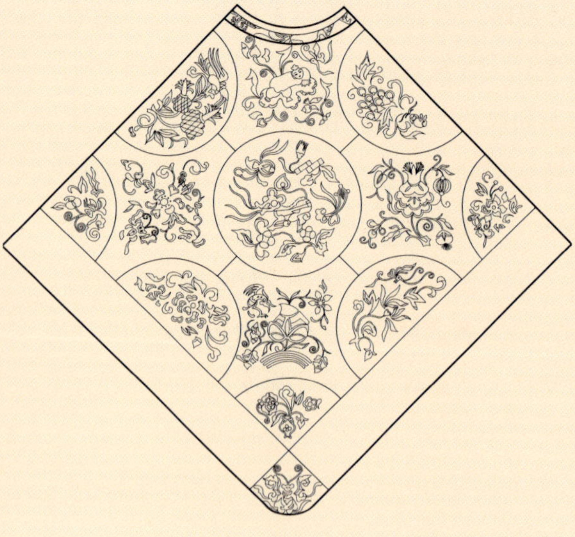

图 3-3 五彩缎破丝绣花卉
人物纹拼布肚兜手绘图

图 3-4 五彩凤戏牡丹菱形
翠绿绸地肚兜手绘图

均衡，形成团圆之势，寓意“团团圆圆”，图案周围以如意、画轴、梅兰等纹样相配，配色和谐，绣工精美，工整之中不乏活泼生动，恰似一幅文人花鸟画。图 3-3 所示的是五彩缎破丝绣花卉人物纹拼布肚兜，由数块几何形布块拼接而成，上面绣有人物、凤鸟花卉、石榴等纹样，色彩明艳，饱含喜庆吉祥的情感内涵。图 3-4 所示的是一件民国时期绣五彩凤戏牡丹菱形翠绿绸地肚兜，此作品将吉祥纹样中广泛应用的“凤戏牡丹”纹样融入其中，图案的中心是一株盛开的牡丹花，凤在牡丹花上作飞翔姿态，画面两边并配有希冀子孙繁衍、绵延不断的石榴花纹，将爱情主题与生殖主题结合，表达了女性祈求婚姻爱情美满，多子多福的美好向往。

肚兜的图案构成形式为多种题材组合而成，讲求构图饱满，色彩搭配鲜艳，且表达吉祥喜庆、祈福纳祥等主题。其中，“凤戏牡丹”纹样是凤纹在古代服饰纹样中运用十分广泛的组合纹样。这种凤与牡丹的组合纹样主要有以下的三种类别:“凤喜牡丹”“凤戏牡丹”“凤穿牡丹”，不同形式其文化内涵也略有不同。“凤喜牡丹”象征祥瑞的凤凰喜爱高贵典雅的牡丹，是一种纯真质朴的表达;“凤戏牡丹”是指凤凰围绕牡丹嬉戏，是婚姻爱情美满的象征;“凤穿牡丹”是指凤凰穿行在牡丹花中，有生殖繁衍的暗喻。有学者认为凤是百鸟之王为雄，牡丹百花皇后为雌，这两者的结合则暗指阴阳相抱，是孕育生命的迹象。这种纹饰承载了人们对于生育的希冀，在民间婚嫁服饰中时常应用。[①]同时，牡丹花也寓意富贵吉祥，与凤纹结合体现民间百姓的祈福心愿。由此可见，凤的象征意义在民间民俗文化中根深蒂固，并在服饰文化中得以完美体现，凤与各类纹饰相组合，达到纹样在形式与内涵的高度统一，也是民间对于其圆满美好功能的肯定。

①吴聪:《民间服饰中“凤”与“牡丹”纹样叙考》，《装饰》2012年第10期，第114-115页。

总的来说，凤以多变的艺术形态、吉祥的象征寓意，成为民间服饰中的吉祥纹样。凤纹内衣所传达的吉祥、美满、恩爱寓意是古代女性诉诸感情的重要工具。

二、凤纹旗袍

根据《辞海》对旗袍一词的解释:“原为清满族人妇女所穿的一种服装……辛亥革命后，汉族妇女也普遍采用。一般式样为：直领、右开大襟，紧腰身、衣长至膝下，两侧开衩。有长、短袖之分。”旗袍作为中国人心中的“国服”，兼具独特的形式美感和深厚的文化内涵，是中华文化史中最绚丽的服饰代表之一，这一点是毋庸置疑的。

旗袍作为中国妇女的传统服装，源于古代汉族的一种直身、过膝，且男女可穿的中长外衣式样。目前，学术界对于其定义和形制存在许多分歧。狭义上的理解认为，旗袍始于20世纪20年代，在20世纪30—40年代流行，是一种马甲袄子和

"文明新装"结合的服装样式。[1]从广义上的角度来说，旗袍历经汉人袍服、清代旗袍、民国旗袍、经典旗袍等几个阶段，盛羽认为旗袍的前身是汉人袍服的形制。[2]在笔者看来，旗袍以"袍"为其命名，以定名基础来推理，可推测旗袍与袍服的联系性是存在的，故认为旗袍与汉人袍服形制具有一脉相承的特征。袍服，从时间的延续性上来看，其式样历代有变。最早是在《诗经》中有"岂曰无衣，与子同袍"的记载，《礼记》中的"纩为茧，缊为袍"则记录着当时的袍服是加有衬絮的绵袍。从出土实物和相关资料来看，汉代的袍服形制是交领、束腰带、类似深衣的衣身宽博款式、后又有唐代褒衣博带的"圆领袍"、明代的宽敞"直身袍"等，这种上下连属的服制在民间十分常用且盛行，其造型中平直线条所展现的平静、和谐美感尤其符合中国人对于服饰审美的要求。

到了清代，旗袍因宽松衣身和衣侧开衩的形制为游牧民族骑射活动时所用。满族入关后，服饰风格逐渐受到汉族服饰的影响，衣身从逐渐变得宽阔肥大，袖口变得平直宽大，在装饰细节上也繁复起来，整体造型趋于平面。清末至辛亥革命时，满族旗袍是整体宽松平直的保守样式，类似当时男性所穿的长袍，被称为长马甲式旗袍。辛亥革命之后，妇女对于服饰上的审美追求受到个性解放的冲击，旗袍衣身逐渐紧瘦，呈现出更合体的现代旗袍基本造型。1929 年 4 月，民国政府将旗袍纳入服装条例的规定，旗袍真正意义上成为国服。随着西方裁剪技术的深入，我国"红帮裁缝"自主创新地将旗袍进行了改良。如今所见旗袍，是中华民族具有中国特色的服装代表，即西方服装立体结构和中华文明二者相融合的产物。这种近百年来在形制上的革新，从一定程度上反映了特定时代的文化内涵和大众审美视角的改变。

20 世纪 20 至 40 年代是旗袍发展的黄金时期，西方艺术

①包铭新，吴娟，杨树等编著：《中国旗袍》，上海文化出版社，1998，第 2 页。

②盛羽：《旗袍的历史演变及社会价值初探》，《宁波大学学报》2003 年第 3 期，第 92 页。

思潮的传播和女性社会地位的提高使旗袍成为这一时期女性的标志性符号。随着女性参与社会活动的机会增多，适宜各类场合的各式旗袍款式也逐渐丰富起来，关于这一点可以从1926年创于上海的综合型新闻画报《良友》中得到印证。作为当时引领都市生活风向的时尚指南，《良友》画报受众广泛、影响深远，记录着民国服饰风尚。其中《上海妇女时装》专题中有关于当时的旗袍时装照片展示，1940年第150期中有《旗袍的旋律》专题，图文并茂描述了1925至1939年之间上海女性的旗袍款式变化。[①]

①朱博伟、刘瑞璞:《“旗袍”和“祺袍”称谓考证》,《装饰》2015年第10期，第82-84页。

比较中国丝绸博物馆藏的清代大红绣花旗袍，和民国蜜黄缎彩绣独枝花鸟蝶旗袍的形制可以看出：两件服装皆是立领的“十字形平面结构”、右衽、系扣的基本形制，但在其两侧开衩的位置有所不同，清代旗袍是在腋下开衩，而民国旗袍则是在下摆位置开衩。以现代廓形分类看，清代旗袍整体呈A字廓形，宽大无腰身，而民国旗袍是H字廓形，侧边有明显的收腰，且已经开始有转向X字廓形的趋势。在用色上，清代旗袍是大红缎配彩绣纹样，民国旗袍选用蜜黄缎配彩绣纹样，整体看来后者明显更加清丽、淡雅。在纹样表现上，两者主题类似，视觉中心都是以独枝的花为主，花间有凤蝶、喜鹊。在装饰手法上，清代旗袍在开衩处饰有如意头，在领、襟、袖的缘边上皆有宽边的绣花黑色绸缎做贴边，而民国旗袍则是用紫红色在缘边上做滚边式的镶边，更显精致、简洁。这种独具特色的设计元素，如挺拔、简洁的立领、各式样的盘扣、造型丰富的右衽门襟、侧缝开衩、边缘有刺绣装饰的滚边、嵌条，如此种种设计要点共同奠定了近现代以来的基本旗袍式样，这也在一定程度上反映出在其时代背景下的服饰变革和人们审美情态的改变。

民国后期乃至中华人民共和国成立后，旗袍在款式和纹样两个方面更加多元。首先，旗袍廓形基本定型为X型，除在侧缝收腰之外，引用西方裁剪的“收省”技术，腰身部分的处理更加符合人体线条，极致凸显女性的纤细之态。其次，纹样方面，吉祥纹样仍然是常用的题材。主要分为具象图像和抽象图像两大类别，具象图像纹样主要是模仿实际物象的形态，展现其本质特征，而抽象图像纹样则是受这一时期的装饰艺术运动的影响，形态较简洁、奇特，颇具有西方艺术中图像装饰的特征。在旗袍改良的过程中，新型纹样创新并没有影响传统凤纹的使用，尤其是对龙凤图案的应用，寓意龙凤呈祥，象征祥瑞、高贵，常与蝶、花鸟、祥云等图案的组合，极富吉祥、喜庆韵味。一件20世纪30年代的酱紫缎刺绣“凤穿牡丹”棉旗袍，其衣身前后皆绣有“凤穿牡丹”纹样，衣身的中心是独枝牡丹花，以戗针和套针的绣法将花瓣层次感清晰表现出来；针法用色接近京绣，五彩凤凰以缜密的齐针、戗针绣法表现，在凤尾部分以稀疏的接针法表现虚实对比，将凤凰的形象刻画得栩栩如生、富丽精美。整体配色给人以大气、明亮、喜庆的感觉。此“凤穿牡丹”纹样所传达的不仅是一种和谐的构图美感，丹、凤结合更是对婚姻爱情美满的无限憧憬，对多子多福的期待，这无不是人们向往光明、幸福的表达。

需要指出的是，在服装穿用的表里关系上，凤纹旗袍相较于凤纹内衣在纹样形式表达上更加内敛。这是因为受传统封建礼教的影响，女性服饰讲求姿态合宜，反对女性服饰过于突出个性。外衣因展现在大众面前，故得注重遵从封建礼法，体现在凤纹图案的构成多于其他象征纹样组合，多注重表达吉祥、富贵等祥瑞之意。外在压力使得私密性较强的内衣成为女性表现自我，释放复杂情感的重要载体，体现在凤纹图案上则更为直观和开放，凤纹与其他象征符号共同构建女性对爱情和婚姻美满的美好憧憬，凤纹服饰逐渐成为艺术与情感的结合，富有特色，且韵味十足。

总的来看，旗袍以特有的形式美感和文化神韵，逐渐成为中国女性服饰从传统走向现代的见证。近现代以来，设计理念和技术的革新使旗袍完美展现其古风典雅的同时，更彰显中国女性独立、从容、优雅的风采。这是中华民族共同的语言，其中增添代表祥瑞的凤纹元素更是中华民族文化与经典元素的完美交融的表现，正是人们自古以来真挚的美好愿景和不断创新，才使旗袍文化绚丽灿烂，经久不衰。

三、凤尾裙

所谓凤尾裙，是清代裙式中的一种特殊种类，在民间俗称"凤尾裙带"。是民间根据千百年来人们塑造的凤凰形象而创造的服饰，形制为平幅方形裙门的缎条裙带，类似如今的围裙造型。其穿戴方式是围系在女性常用的马面裙外面，在乾隆年间最为流行，近代以来也十分受女性喜爱。

凤尾裙属于中国古代服饰中的"裙"这一服饰中最为基本和重要的形制，这里的裙却是区别于深衣连体式的类别，即上衣下裳中的"裳"。关于历代服饰中的裙，据考证最早的实物应为江陵马山 1 号楚墓出土的两件绛紫绢单裙，这种裙式是战国时期裙装有梯形门幅、无褶形制的反映；自汉代开始就有妇女穿长裙，汉乐府诗中有"长裙连理带，广袖合欢儒"的记载；魏晋南北朝时期流行一种以两种或两种以上颜色的布制成的间色裙；隋唐五代则盛行六幅布帛的宽大裙围，裙长至地；明末清初一种十幅布帛制作的折褶裙十分流行，民间妇女都很喜爱。直到清代，女性的裙装主要分两个大类别：一是应制度所用，即朝裙，文字见于清乾隆年间官修的《清朝通典》，其中详细记载有皇后、太后等宫廷女性、内外命妇重大礼节所用的裙制要求；二是民间汉族女性日常生活用的裙，以清代民间服饰中的马面裙为基本而延伸的各类裙装形制，包括百褶裙、凤尾裙、凤尾马面裙等等。[1]

关于凤尾裙起源的具体考证，学术界目前有以下几种观点：一是认为凤尾裙是清初模仿宋代服制而成的、二是认为其出现于清中期到晚期、三是认为其出现于明代或者明末清初、四是认为其出现不会晚于清中期。[2]针对以上几种观点，笔者较为赞同第四种观点，根据最早的相关记载在扬州风貌的笔记小说《扬州画舫录》卷九：“裙式以缎裁剪作条，每条绣花，两畔镶以金线，碎逗成裙，谓之凤尾。”此书描述了凤尾裙在乾隆年间的盛行之势。再结合其作者的生卒年可判定出凤尾裙的出现不晚于清中期。这里要说明的是，不少学者都认为凤尾裙并不是一种本质的“裙”，而是用作装饰的附属品，是一种多个彩色条布在腰头处连接、布条下端形似“凤尾”尖角缘边的服饰品。因为每个布条的间距较大，故而不能直接穿着，需要围系在马面裙外使用，这种特殊的穿着形式使其成为马面裙中自成一类的服饰，称为凤尾裙带。

还有一种观点认为凤尾裙的起源与萨满文化有关，萨满法师在做法事时需要穿类似形制的裙子便于旋转跳舞。这也可以解释凤尾裙上铃铛的功用，铃铛伴随彩色缎条散开时发出声响辅佐巫术活动，清时民间俗称“跳大神”。据有关学者考证，萨满服饰与东北地区的满族、蒙古族与鄂伦春族的历史相关，通过将鄂温克族现存的萨满法衣形制与凤尾裙带对比发现，当代的萨满服饰仍然保留着“凤尾”形制，足见鄂温克人萨满崇拜的心理。[3]在笔者看来，此观点有一定的可信性，早在三代时期龙凤文化就与巫觋相关，萨满是在原始信仰的基础上发展而来的一种民间信仰活动。人们通过模仿凤凰的凤尾形态制成服饰，用于宗教活动，无不是一种宗教信仰的体现。

学者黄能馥总结了凤尾裙的三种形制：第一种是在裙腰下

①高冰清：《晚清民初裙的演变和穿着方式》，东华大学硕士学位论文，2007年5月，第6-12页。

②吉怡欣、王群山：《清末民初凤尾裙初探》，《设计》2016年第17期，第58页。

③祁姿妤：《清代马面裙形制研究——以北京服装学院民族服饰博物馆藏品为例》，北京服装学院硕士学位论文，2012年12月，第67-72页。

缀绣花，类似“凤尾”形状的缎条，第二种是在马面裙外加上绣花的“凤尾”缎条，在每个缎条下端缀铃铛，第三种是连体式裙装，肩部附云肩，下身为裙子，外面饰有绣花的“凤尾”缎条，也有铃铛装饰。[①]总的来看，这三种凤尾裙的形制呈一种逐渐增加装饰的趋势，其体量和穿着方式也逐渐复杂。在笔者看来，第一种形制的凤尾裙可以看作一种单纯用作装饰的服饰品。而第二种形制的凤尾裙则是将第一种的凤尾裙订缝在马面裙外，两者合为一体。第三种凤尾裙则是在第二种的基础上做上下方向的纵向延伸，形成了一整套的服饰组合，这可以看作是一种凤尾裙服饰的发展，由凤尾裙服饰部件延伸成单独的下装样式、最后融合一整套服饰样式，其使用的场合也随之由日常穿着延伸为戏曲服装中的“舞衣”。清中后期，在隆重的婚仪场合中用作新娘的专用礼仪服饰。清代李海观所著《歧路灯》中可得到考证，其中有对主人公婚嫁情景的描写：“头戴五凤金冠，珍珠穗儿，缨络累累，身披七事荷包霞帔，锦绣闪烁，宫裙百折，凤履双蹴。”

①黄能馥、陈娟娟：《中华历代服饰艺术》，中国旅游出版社，1999，第486页。

凤尾裙的纹样题材与民间生活的联系极为紧密，主要有动植物、人物、几何、文字纹样等，且多以组合形式出现，传达的都是象征着吉祥、美好的寓意，承载着人们祈福的共同心愿。以下根据中国丝绸博物馆现存马面裙和凤尾裙进行具体分析，根据纹样特征和文化内涵，可分为实用与装饰两大类别。关于实用类别，一件晚清时期白绣龙凤马面裙，裙身为白色素缎，上绣有龙凤纹样，“马面”处是坐龙纹样，下摆处是蓝缎“龙凤呈祥”纹样。同样裙摆两侧以细黑素缎为缘边，以蓝色素绢做衬里。下摆、马面两侧以黑色素缎镶饰。此两件带有凤纹图案的马面裙是实用功能的典范，因为裙门的装饰较少，在侧面打褶，腰带处的白色布是取白头偕老之意，是人们将对美好愿望加之以实用裙物上的典范。

藏于中国丝绸博物馆的清代凤尾裙带，面料为深蓝色皮球花绫，共有六根缎条，在下端缀的如意云头上分别有三条饰有花纹的“凤尾”，其底部还缀有铃铛，此件样式可谓是“缎裁剪作条”记载的真实写照。此件凤尾裙带并不单独穿着，只作为一件装饰品存在，故而可归于装饰类别的服饰。藏于中国丝绸博物馆的清代彩绣花蝶凤尾裙，面料为绣蝶恋花样纹的暗花芝麻纱。在“马面”的两侧各有数条绣有蝶恋花纹样的蓝色素绸褶裥，并有黑缎滚边，下端缀有“凤尾”的如意云头；在“马面”的下摆和两侧皆有绣花卉纹的白缎缘饰，并以浅绿色的素缎镶边；在“马面”的内侧有两条黑色纱地彩绣蝴蝶花卉的装饰缘边，上面有盘金贴绣荷花莲子飞鸟纹样，寓意连生贵子。这件凤尾马面裙可谓是实用与装饰功能的集合体，将凤尾裙带装饰连接在马面裙外面，可单独穿着也可有穿着凤尾裙的灵动感觉。

有学者将凤尾裙的文化内涵归纳为：崇拜模仿，追求秀美；亦奢亦俭，各取所需；祈福避难，精神寄托；移步金莲，仪态检验。根据凤尾裙在清代扬州地区的盛行及后至民国的延续，可以看出这种流行是一种引领式的时尚传播模式，出于人们追求时尚、美感的理想。另外，凤尾裙的设计关键就在于“凤尾”的形态，古时设计者将鲜艳的色彩组合装饰在尖角缎条上，以此来模仿人们心中“吉祥鸟”的美貌外形，在功能性上对服装结构做了改变，其上还有寓意吉祥的纹样设计，这也是中国传统装饰图案中吉祥寓意的艺术，这种“有图必有意，有意必吉祥”的图案设计原则在民俗文化中得以体现。

综上所述，这些具有代表性的凤纹服饰，皆是人们将民俗文化中真实感情注入服装设计的表现形式，对于现代的服饰文化研究者和设计者来说，这是一种值得借鉴的设计手法，如何寄情于物，如何在设计中传达真情实感，传达中华文化的精髓之处，是当代相关研究者和设计者进行创新设计的重要关注点。

第三节　凤与民间饰品

民间饰品作为服饰的一个门类，同样是记录人类民俗文化的重要载体。它既是人们日常生活中的实用品，又是一种民俗文化的情感符号。在中华的祥瑞文化中，凤与龙并举，都是等级最高的祥瑞符号，因此，凤纹装饰在民间服饰品中的运用，往往起到点睛之笔的功效，可以说，在实用和装饰功能之外，又能为着装者和观看者带来情感慰藉。自古以来，民间服饰品的品类繁多，内容庞杂，本节仅撷取几例典型的头部饰品、颈肩部饰品和一些身体配饰来进行阐述，以期达到管中窥豹，以小见大的效果。

一、民间眉勒中的凤

从生理角度来说，头部是身体之中的首要部位，也是视觉最集中的部分；从服饰品类别上说，头饰会贯穿在人一生的礼节风俗的穿戴方式中。例如官员的头饰象征品级高低，女性在婚嫁时所用的礼仪头饰等。关于头饰的历史，历代以来其造型特征不同，从中反映的是时代变迁、文化习俗与艺术审美。另外，也有学者将头饰的定义上分为广义和狭义的两种，狭义只指头部饰品，广义其范围更广，具有实用或者装饰头部的饰品，包括装饰品和发型式样。[①]

自古以来，我国女性的头饰种类繁多，在女性妆饰中占据极其重要的地位。在头部饰品类别中，凤钗无疑是最为亮眼的服饰品之一。关于凤钗的记载，历代以来都有见于文字的记载。马缟所著《中华古今注》中有关于凤钗的最早记录“始皇

①王晨旭：《头饰的历史演变及其传承与发展》，中国地质大学硕士学位论文，2009年5月，第12页。

又金银作凤头，以玳瑁为脚，号曰凤钗”，这是秦始皇下令命后妃佩戴凤钗的最早记载。后又有王嘉《拾遗记·晋时事》中记载：“（石崇）使翔风调玉以付工人，为倒龙之珮，萦金为凤冠之钗，言刻玉为倒龙之势，铸金钗象凤皇之冠。”这里记述了魏晋时期大富豪石崇，让宠姬翔风戴玉龙珮，使用凤凰钗。宋辽金元时期，凤髻的发式更为流行。欧阳修的《南歌子》中有：“凤髻金泥带，龙纹玉掌梳，走来窗下笑相扶”之句，由此可见女性戴凤髻和泥金发带，插龙纹玉梳的妆饰特征。元代戏曲家白朴也有“舞凤髻蟠空，袅娜腰肢温更柔”之句，用以描写一位梳着凤髻的舞姬的美丽。明代范濂《云间据目抄》中记载：“妇人头髻，在隆庆初年，皆尚圆褊，顶用宝花，谓之挑心。”《醒世姻缘传》中也有关于凤纹饰品的描写：“吴太太当中戴一尊赤金拔丝观音……当中戴着枝赤金拔丝丹凤，口衔四颗明珠宝结，右戴一枝映红宝石妆的绛桃。”此处可见吴太太应该是在发髻上佩戴了一支镶嵌了明珠的凤纹头饰。

在民间头部服饰品中，眉勒也是一个不得不提及的品类，这是古代社会中女性十分重要的装饰品，其形似条状带子，在额前系扎。最早的文字记载可追溯到汉代，《续汉书·舆服志》中注：“北方寒冷，以貂皮暖额，附施于冠，遂变成首饰，此即抹额之滥觞。”从这则记载可以看出，抹额（即眉勒）最初是北方少数民族用于避寒的饰品。而关于其出现的具体时间，有学者认为应该是在商代，据安阳殷墟5号墓出土的商代人形玉雕的形象中就有类似的装饰品，人形玉雕在头部有一道横向的眉勒，可能是用于约发，便于劳作。[①]

①王忆雯，梁惠娥：《民间眉勒造型与纹样艺术研究》，《丝绸》2018年第11期，第84页。

早期的眉勒是男女皆使用的饰品，而后在唐代武人中十分常见，李贺《画角东城》中有诗云“水花沾抹额，旗鼓夜迎潮”。这里的抹额就是指男子幞头内部的头饰。到了宋代，这种形制成为仪卫服饰的重要部件，如教官的幞头红绣抹额，招箭班的皆长脚幞头等，根据官阶的不同其工艺和色彩上有所差异。明代是眉勒最为盛行的时期，为女性所喜爱。清代之后眉勒十分盛行，其造型式样与工艺技术达到顶峰，逐渐成为女性专用。尤其是富贵人家的女性专用貂鼠、水獭等制成冬季所用的暖额，因形似兔子卧伏在额前，故称为“卧兔儿”。在《金瓶梅词话》和《雍亲王题书堂深居图》中都有女性头戴卧兔儿的形象描绘。另外，最为人知晓和印象深刻的是在小说《红楼梦》中，作为已婚女性的头部饰品，其中王熙凤佩戴的“紫貂昭君套”让人印象深刻，这是一种在冬季用于御寒的裘皮材质的眉勒，兼具保暖和美观的功能。

关于眉勒的造型特征，有学者根据对传世实物的考证将眉勒造型分为以下几种类型：鱼形、元宝形、船形、眼罩形、长条形、哑铃形、波浪形等，尽管其造型有异，但都是以长条形为基础，只在中间或两端做些许的改变。在这种造型基础上，其吉祥纹样的应用也有相对稳定的构成模式，构成元素主要有动植物类、文字类、器物类，这些图案常用的表意手法有：寓意法、比拟法、嵌字法、表号法。[①]这些吉祥纹样反映的是民间大众鲜活的生活情趣和审美特征，其中饱含人们重视吉祥观念的深厚情感。眉勒也称抹额、额带等，作为一种重要的头部服饰品，在吉祥纹样方面的应用自不会例外。眉勒纹样中吉祥长寿、婚恋美满主题的文化内涵格外丰富。一件中国丝绸博物馆馆藏的丝质黑缎地缀凤鸟铜饰眉勒，在黑色缎地上用的是凤鸟铜饰，形如中间窄、两端宽的眼罩形状，是明清时期典型的女性眉勒造型，不同于传统的刺绣针法绣出图案，此件作品是用铜饰做图案，更显富贵。图 3-5 所示的是黑缎贴绣“凤穿牡丹”抹额，这是一件左右对称布局的作品，整体图案线条流畅，有似浮雕感觉，左右两组凤穿牡丹图案均衡对称，在形式美法则上极具平衡感，给人一种安静的感觉。

①周汛，高春明编著:《中国衣冠服饰大辞典》，海辞书出版社，1996，第577-578 页。

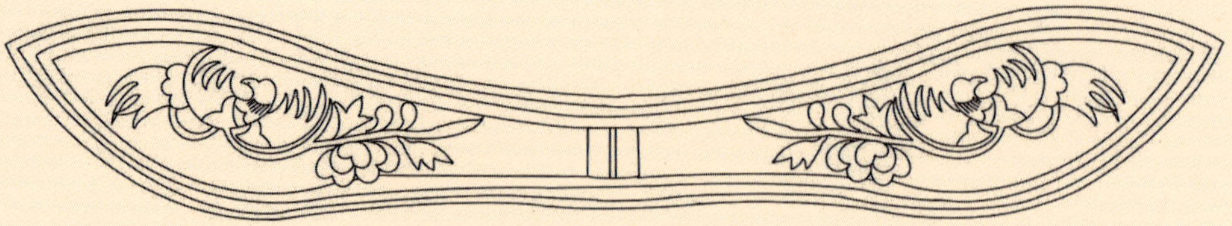

图 3-5 黑缎贴绣“凤穿牡丹”抹额手绘图

总的看来，眉勒这种历史文化悠久的头部服饰品装饰效能显而易见，无论其中的装饰手法怎样变换，寓意吉祥的图案在其上运用广泛，充分展示了民间艺术中所蕴含的大众公共心理与文化情感。

二、云肩中的凤

在古代民间服饰品中，修饰肩部的服饰品类别繁多，其中云肩是此类服饰中的集大成者。最初用于肩部的衣着服饰偏向于实用性质，后在装饰性上大放异彩，肩部服饰品逐渐成为民间女性在婚嫁中的礼仪服饰品。

云肩，又称披肩，因其披在肩上而得名。关于云肩的起源，学术界目前仍存在许多争议，有说法称云肩源于秦时女性的披帛，后在形制上有所变化。云肩被认为是特定的肩部披饰，在《古今事物考》中又有“三代无披说，秦有披帛，以缣帛为之”的记载。也有说法称云肩源于古代少数民族的肩部饰品，可遮盖自颈部及肩膀、前胸后背，为驱寒所用，当然这种说法是在生理保护说的理念下产生的。还有说法称云肩源于古代神话人物的形象，根据最早样式的云肩出现在隋代敦煌壁画第 62 窟的天女形象中，除此之外敦煌莫高窟中的天女、龙女、西王母的形象皆有类似云肩的装扮饰品，故而这种说法是在宗教崇拜的信仰下产生的。[1]但不论是哪种说法，都与人们穿着的服饰文化密切相关。

①邓翔鹏：《神坛之上到女儿红妆——云肩的演变》，《艺术设计研究》2016年第1期，第39-40页。

明代以前云肩实物资料鲜少，多见于文字记载和图像资料。最早的图像资料见于隋代敦煌壁画，其中观音菩萨身披云肩的形象正是佛教传入后本土化的形象。盛唐时期，吴道子的画作《送子天王图》中，对于摩耶夫人的形象刻画有“惟领缘及两肩，袖处均作羽翼状”。据相关史料记载，云肩在唐代时已经开始盛行，是上层社会较为流行的服饰品，时称“五云裘”。李白的诗句“粉图珍裘五云色，晔如晴天散彩虹”之句描写了云肩的五彩之华美。到了元代，云肩的使用更为广泛，在《元史·舆服志》中有“云肩，制如四垂云，青缘，黄罗五色，嵌金为之”的记载，由此可知元代云肩的形制已经定型，这种“四垂云式”的云肩称得上是明清之际最典型的四合如意式云肩的原型。在当时的质孙服中有所运用，且灵活应用元代最具特色的织金工艺手法。根据相关学者考证，元代云肩承袭金朝云肩的形制，是一种在袍服两肩处装饰有金绣纹样的纹饰，对于云肩使用的形制和色彩方面都有具体的规定，敦煌壁画中蒙古族供养人形象中的云肩就是最流行的样式。[2]但这一时期云肩更多的是被贵族使用，织金云肩的流行是因上层社会的喜爱而开始在民间盛行。到了明代，云肩的形制开始与现在所见传世作品相似，宫中侍女使用云肩隔开头发与衣服，保证领口的干净整洁，在民间也开始风靡，这时的云肩才正式走进寻常百姓家，为民间女子所用，尤其在特定的婚庆礼节等场合。

②董晓荣：《敦煌壁画中的蒙古族供养人云肩研究》，《敦煌研究》2011年第3期，第46-50页。

在清代，云肩成为民间服饰品类中极具代表的服饰品。此时的云肩实用功能偏弱，主要是用于对颈肩部的修饰，在日常生活中仅在较为隆重的场合使用，成为典型的礼仪服饰品。清代云肩的绣法技艺成熟，装饰性达到顶峰，其中最为典型的形制就是四合如意式与柳叶式两种，并由此派生出许多新兴的款式。四合如意式云肩讲求在形式上的对称与平衡，体现四方如意、事事顺心的吉祥意义，这种构想与中国古建筑的意境有相似之处，讲究古时造物理论中的“四方四合”，寓意八方吉祥，因此这就要求图案与形式的一致性。在图案上，主要涉及神话故事、自然生物、吉祥文字等多种图案，这些图案被寄予不同的感情内容，在形式外观和内在文化上保持高度的一致性。云肩在后期被用于婚仪，所以吉祥图案的使用自然是必不可少的，其中凤凰齐飞、吹箫引凤、鸳鸯戏水、和合二仙等纹样在传统的云肩中十分常见。一件清末民初的土蓝缎三蓝打籽绣珍禽瑞兽纹四合如意式云肩（图 3-6），以如意云头为基本纹样，蓝底白花细绦边，以盘金绣镶边，上有打籽绣的“凤穿牡丹”“狮子滚绣球”“连年有余”等纹样，造型生动，色彩素雅，寓意美好吉祥。图 3-7 所示的是一件清代三色缎刺绣三层四合如意云肩，这是一件典型的适合如意式样云肩，由八个如意云头构成，在四个方向上都使之对称，这种不同格局的再组合的艺术魅力极具团圆、吉祥的含义；在针法上采用的是平针绣和打籽绣，有麒麟、狮子、凤、蝴蝶、石榴等纹样，整体刺绣工艺精巧，构图均衡，色彩搭配上也十分亮眼艳丽。尤其是在如意云头上的凤纹形象使用了打籽绣和盘金绣结合的手法，在凤尾部分刻画得惟妙惟肖，十分生动。

由以上的传世作品可以看出：云肩造型构成精巧，纹样主题突出，色泽浑厚，所蕴含的古风韵味十足，从形态上看，将其折叠起来是一个整体，铺展开来好似一朵绽放的花朵，随之展开的也是民间丰富的民俗文化。无论是出于期望吉祥富贵还是趋利避害，这种如意纹和云纹的有机结合是一种新的艺术形式，反映的是古人的智慧和审美意识。[①]这种吉祥寓意的情感

①李姗：《清末民初四合如意云肩研究》，北京服装学院硕士学位论文，2015，第 7-8 页。

图 3-6 土蓝缎三蓝打籽绣珍禽瑞兽纹四合如意式云肩及局部手绘图

图 3-7 三色缎刺绣三层四合如意云肩局部细节手绘图

因素是民间艺人重要的设计和创作因素，在这些民间手工艺品中，倾注了大众的情感和期许。

云肩作为一种实用服饰品，在后期更多的是作为装饰品，更是民间艺术中的一朵奇葩。在特定的历史情境和场合，它是社会文化结构下的民族审美形态，是民族艺术中特有的艺术表现，深深扎根于本土文化的服饰习俗中。

三、荷包中的凤

在我国民间艺术中，有一个类别的饰品占据重要地位，兼具装饰功能和造型文化内涵，更是民族传统文化的一种载体，这就是传统服饰类别中极富民俗文化特点的饰品——荷包。荷包是古时人们随身携带的饰品，根据具体使用功能的不同，其形状大小各不相同，因使用场合的差异，其纹样主题也各不相同，民间荷包因其独特精湛的工艺成为民间工艺美术品、传统服装配饰品中的一个重要的构成部分。

荷包，又称为“香包”“香囊”“香袋”“茄袋”等，古时也称之为“帏”，《说文》有“帏，囊也”的解释。关于荷包出现的具体时间，学术界目前尚无定论。自先秦至清代，荷包在民间服饰类别中逐渐发展成为一个成熟、完整的单品。最初的荷包，即古时的香囊，并非一开始就是民间配饰，而是更注重实用性，在男性的配饰品中也较为常见。

关于荷包在文字方面的记载，《诗经》中就有“乃裹糇粮，于橐于囊”的描述，这时的荷包在称谓上还十分模糊，但其实用功能十分明显，是远游时包裹干粮的用具。《晋书·舆服志》中有“诸假印绶而官不给鞶囊者，得自具作，其但假印不假绶者，不得佩绶。鞶，古制也。汉世著鞶囊者，侧在腰间，或谓之傍囊，或谓之绶囊，然则以紫囊盛绶也。”这里的资料说明汉晋时期，官员根据其职位高低来佩戴鞶囊，如若职位官阶不够资格，则需要自行采备。在班固所著《与窦宪笺》中也有“固于张掖县受赐所服物虎头绣鞶囊一双”的记载，到了隋代，鞶囊使用的规定更加严苛，在《隋书·礼仪志》中有十分详细的规定：“鞶囊，二品以上金缕，三品金银缕，四品银缕，五品、六品，彩缕，七、八、九品彩缕，兽爪鞶。”对于每一品阶的官员佩戴鞶囊的系带有严格要求。到了唐代，佩囊被视作一种职位品阶的重要标识，这时也出现了一个新的称谓，即鱼袋。在鱼袋上面会详细记录着官员的信息，也是官员出入的重要凭证。宋元以来，荷包的用途便开始细分，更加注重装饰性，对于其形制和工艺的要求也更高。

明清以来，荷包在宫廷和民间的使用范围更加广泛，在品种上也更为丰富。从现存博物馆相关档案中可知清朝皇帝在其服饰中有各种佩饰，这之中必有荷包。这一时期的荷包在皇室成员、贵族的服饰制度中十分常见。另外，据沈从文先生考证，清代男子在腰带上挂满刺绣精美的荷包、香囊等饰品，是当时的一种时髦打扮。而民间荷包不仅贴近生活的题材，其中关于人文情怀的表达更为明显。关于民间使用荷包的兴起，是以宫廷艺术自上而下的传播方式兴起的，民间传说中有着这样的说法：乾隆皇帝喜欢在年终时将荷包赐给大臣以示奖赏，在《清实录》中也详细记载着赏赐荷包的事项。[①]宫廷御用的荷包赏赐臣民代表着无上的荣耀，故而一时间佩戴荷包的服饰搭配习惯在民间十分盛行。到了晚清时期，荷包作为配饰品其实用功能逐渐被装饰功能所替代，荷包已经成为人们的把玩之物，在审美和文化趣味上更加符合民间民俗文化的要求。

①路瑶：《个人·情感·物——以“满族荷包”为例》，北京服装学院硕士学位论文，2013，第14页。

长沙马王堆汉墓出土的女尸手握香囊（也称为荷包），这枚香囊里装有草药和香料，具有祛湿防霉、避瘟驱邪的功效。如今我国许多地区仍保留用荷包装香草、中药材的习俗。根据民间习俗，人们会将具有清洁、防虫除菌的特殊材料放在荷包中，如雄黄、白芷、檀香等。这种兼具实用和装饰效果的小物件在民间习俗活动中十分盛行。这一点在陈元靓的《岁时广记》中有所提及：“端五以赤白彩造如囊，以彩线贯之，搐使如花形。”还有“端五日以蚌粉纳帛中，缀之以绵，若数珠。令小儿带之以吸汗也”。这些记载可以充分说明荷包在民俗文化中的意义，在端午节制香囊馈赠亲友，荷包的形制可能不会有太大的变化，而情感传达方面已经转向深层次的人文关怀。另外，除了在节庆习俗中充当礼品，荷包也逐渐演变成男女在恋爱时的定情之物，是婚姻爱情中的一种情感传达。虽然荷包从何时起成为男女定情之物无从考证，见于文字的记载，有汉乐府中的《孔雀东南飞》“红罗复斗帐，四角垂香囊”，后有繁钦《定情诗》中“何以致区区？耳中双明珠。何以致叩叩，香囊系肘后”。从这些诗句可以看出，古时人们以赠送香囊来传达情感，是一种“借物传情”的含蓄情感表达。作为汉民族民间传统的手工艺术品，荷包以千姿百态的形式和图案在男女间传情、定情。我国部分民族地区至今仍然流传着一首脍炙人口的民间小调《绣荷包》，其歌词中有明显的情感表达的部分："越思越想好难丢，情人只在奴的心头，我为情人把荷包绣，快快的给他罢哟，喝喝咳咳，方算把情留下。"[①]从这里可以看出，民间女性在制作荷包的过程中等情郎的心情，反映了唯美浪漫的情怀。

荷包的形制各代各有特色，种类繁多，寄寓各异，根据荷包的主要用途，有学者总结有，钱荷包、抱肚荷包、烟荷包、针线荷包、香包等。[②]关于荷包的具体形制，因民间各地区风俗不同，其荷包的形制特点也不相同。其中，颇具地方特色的地区是江南和陕西。总的看来，江南地区荷包的形制特点是运用简洁大方的构图形式，整体上呈中轴对称式的抽象形态，有椭圆形、长方形、如意形、不规则形等；在纹饰上主要是以抽象或具体的单独纹样为主，少用龙、凤等吉祥瑞兽纹样，多是当地动植物组合形象为主；在配色上讲求清丽淡雅，在民间手工艺品的传统造物观下又匠心独运，反映了江南水乡的独特审美。[③]陕西地区荷包在形制上多是鸡心形、腰圆形、葫芦形、山形等，荷包上还要配上编结的系带；在纹饰上主要是造型淳朴的五毒、狮虎龙凤、福禄寿喜等传统的吉祥纹样；颜色鲜亮、艳丽，整体富有浓厚的乡土气息和地方特色，与民间民俗息息相关。[④]

各地区荷包在艺术特色上有不同，所寄托的情感是一致的。尤其是关于婚姻爱情的表达，鱼戏莲花、凤穿牡丹、龙凤呈祥等图案主题是隐喻爱情中的坚贞。又如西厢记、梁山伯与祝英台、牛郎织女这种由古老的传说所构建的图案主题则蕴含着人们对于美好爱情的向往。这种与爱情主题相关的图案在我国各地区民间荷包中都会出现，或是鸿雁传书的故事主题，或是才子佳人式爱情故事主题，可见爱情主题的表达在艺术作品中是永恒的主题。[⑤]

北京服装学院民族服饰博物馆藏的白色缎盘金绣松鹤遐

①曹芳芳：《论民间小调〈绣荷包〉的传统艺术风格及其审美观》，山东师范大学硕士学位论文，2005，第8页。

②宫楚涵：《品味女红之巧手绣荷包》，《美术》2007年第7期，第102-105页。

③吴聪：《江南民间荷包的视觉艺术与功能解析》，《装饰》2013年第5期，第119页。

④王妮，徐青青：《浅析陕西民间荷包的艺术特色》，《美术学报》2006年第44期，第23页。

⑤王金华：《中国传统服饰——绣荷包》，中国纺织出版社，2015，第135页。

图 3-8 白色缎盘金绣松鹤遐龄纹褡裢荷包手绘图

龄纹褡裢荷包（图 3-8），白素缎上绣有松鹤遐龄、步步高升的纹样，还有自然景观中的阁楼形象，整体造型简易，配色协调，寓意吉祥。民间传说、故事为主题的丰富寓意在视觉的表达上更具叙事性，而带有吉祥图案的荷包在民间使用更为普遍，这种寄托美好诉求的图案在情感上的表达也更加直白，其中传统吉祥纹样中的凤纹图案的使用十分频繁。一件中国丝绸博物馆藏的晚清时期蓝缎地彩绣凤纹荷包（图 3-9），材质为丝质，包盖使用白色缎地来制作，上面有彩色丝线绣的凤纹；包身则采用蓝色缎料，也绣凤一只。主要的针法以平绣为主，在四周镶有黑色的绦带，整体看来绣工稍显粗糙，但更加凸显民间工艺品的纯朴特色，有着独特的美感。除这种纯朴的风格外，还有更注重凤凰神韵的刻画，如塑造凤尾部分的轻盈飘逸之态，搭配淡雅的配色，细致的几何纹样的镶边装饰，整体上给人感觉更为精致、典雅，将两种不同风格的荷包进行对比，更能彰显民间艺术的包容性和多样性。

图 3-9 蓝缎地彩绣凤纹荷包手绘图

总之，荷包这种小物件深藏着委婉而含蓄的感情，或带给人们芳香四溢的感受、或在日常生活中颇具实用价值，是民间民俗文化中不可或缺的配饰品。荷包不仅是人们手中把玩的对象，更是民俗文化中灿烂的民艺瑰宝。

总体而言，在民间社会，凤的传说或神话在代际传播的过程中，愈加神秘而遥远，仿佛无法触摸。正所谓“上好之，下必有甚焉者”，帝王比龙、后妃比凤的文化习惯对民间社会产生了极大影响。曾几何时，精英阶层对凤的崇拜和垄断又让民间大众对其产生更多的敬畏和渴慕之情。因此，在民间服饰中，僭越阶层规范的服饰行为屡屡出现。近现代封建专制被推翻后，凤的使用禁忌被打破，民间用“凤”的激情不断地迸发，凤纹内衣、凤纹旗袍、凤尾裙、凤纹眉勒等，从图案构成、配色设置、工艺细节上来看，民间服饰的凤纹样基本延续了明清以来的范式，但其精致程度和整体品味相较于宫廷服饰而言，更体现出质朴、活泼、喜庆、祥瑞的生活气息，与宫廷服饰凤纹一起，共同构成了丰富多彩的服饰文化图景。

第四章

凤与婚仪服饰

在哲学家那里，爱情和婚姻间的关系常被视为形而上和形而下的关系。爱情，是人类最美好的感情之一，由爱情进而过渡到婚姻的缔结、家庭的建立，进而涉及社会的安定，是美好而不易的过程。在不同文化的系统中，某种具有美好、吉祥、圆满的色彩或图案作为象征性符号，常常会与婚姻爱情联系起来。例如，欧洲婚姻习俗中，白色象征着新娘的纯洁忠贞；而中国传统婚俗中，新娘则穿着红色喜服。从原始图腾走来的凤凰，经历了神巫、神仙、政治伦理等多重身份的演变之后，又逐渐演变为人间爱情和婚姻的象征物。在文学作品中，“凤凰于飞，和鸣锵锵”“鸾俦凤侣”等词语常常用来表达人们对美好爱情的向往和对幸福婚姻的渴望。在爱情婚俗器物中，凤纹铜镜、凤凰结、凤纹荷包、凤纹梳篦等器物中少不了凤的身影。在婚礼服饰中，凤冠霞帔又是帮助女性在社会角色中转变的重要工具。换句话说，凤的频繁出场意味着社会对其幸福、圆满文化功能的肯定。

第一节　凤与婚姻爱情

凤凰代表爱情不仅在中国传统文化中有体现，在外国文学中也有。在英语世界里，凤凰（phoenix）能够浴火重生，永世不灭，意为“不死鸟”；在古埃及的文化中，凤凰被视作太阳鸟，具有超越生死的神奇特性。莎士比亚写过一篇长诗《凤凰与斑鸠》（*The Phoenix and Turtle*）渲染着柏拉图式的爱情模式，更是强调爱能超越生死的可能性。“羡两情兮爱之光华闪现，鸠所见兮乃其挚爱所值，焰之光兮耀于凰之眼前，他即我兮两者无分彼此。”这首诗将凤凰经历浴火重生的考验比喻成真爱可以穿越生死的极限；在中国，凤与婚姻爱情的关系脱胎于《诗经》，又经文人雅士、才子佳人的演绎，民间典故传说的渲染，逐渐成为婚礼服饰必不可少的象征物和装饰物。

一、文学作品中凤与婚姻爱情

《诗经》是中国古代诗歌的开端，在我国文学史上占据无可代替的地位。“凤皇于飞，翙翙其羽，亦集爰止。蔼蔼王多吉士，维君子使，媚于天子。凤皇于飞，翙翙其羽，亦傅于天。蔼蔼王多吉人，维君子命，媚于庶人。凤皇鸣矣，于彼高冈。梧桐生矣，于彼朝阳。菶菶萋萋，雍雍喈喈。”这篇源自《大雅·卷阿》的诗原是对周王“礼贤求士”的人格魅力的赞颂和对君臣间和睦的描述，后多用于祝福夫妻恩爱，也是“凤凰于飞”作为爱情喻义的最早体现。“凤凰于飞”以自然景象喻人与事，这种带有原始商民族图腾崇拜的歌咏方式最初是指“凤”与“凰”相谐自空中起舞的美好景象，而后常用于人们对美好婚姻的向往。

自唐代开始凤的神性被弱化，“凤”与唐诗宋词结合以“物”衬托意境的表达方式十分生动。唐宋诗词中的咏凤充满了对美满爱情的向往和无尽的爱恨思绪：或是隐喻忠贞不渝的爱情，或是对夫妻间恩爱非常的赞誉，也有形容女子深闺中思念悲怨的情绪。例如，李商隐在《无题》中对于自己爱情遭遇的描写，他与相爱之人因两地分隔而不能相见，相思之情只得在“身无彩凤双飞翼，心有灵犀一点通”中表达出来。后世人们总是借此句表达爱人之间心灵相通，情投意合，对于“彩凤”和“灵犀”这种郎才女貌的爱情模式也非常羡慕。与李商隐齐名的温庭筠也曾用“凤”来描写过关于爱情的诗文。其《菩萨蛮》十四首中：“凤凰相对盘金缕，牡丹一夜经微雨。明镜照新妆，鬓轻双脸长。画楼相望久，栏外垂丝柳。音信不归来，社前双燕回。”通过描写女子头上盘有形似“凤凰”发饰，且呈“相对”之势，象征凤鸟比翼双飞之象，这便是以“物”喻情描写诗人在深闺中因爱人久盼不归的怅然情怀。

在古代六礼所制的婚俗中，有亲迎环节。“催妆”是唐代婚礼仪式“亲迎”中的一项。卢储曾作《催妆》：“昔年将去玉京游，第一仙人许状头。今日幸为秦晋会，早教鸾凤下妆楼。”相传，卢储进京赶考，向当朝尚书李翱投卷以求其荐举。机缘巧合下，李翱的女儿看到卢储的作品，非常欣赏他的才华。李翱也觉得卢储才华难得，便将女儿许配于他。第二年，卢储果然中了状元。在《催妆》中，诗人以自己与妻子相识的经历和婚礼仪式的过程为时间主线，借用“鸾凤”比喻二人感情和睦，恩爱非常。这里的“鸾凤”意象无疑是指代爱情。

宋代词人喜欢用凤表达婚姻爱情中的苦情或离情之痛。著名词人陆游年轻时娶表妹唐琬为妻，感情深厚，但因陆母不喜欢唐琬，威逼二人分离。多年后陆游到沈园春游，与唐琬不期而遇。陆游怅然久之，赋《钗头凤》一词，题园壁间：“红酥手，黄滕酒，满城春色宫墙柳。东风恶，欢情薄。一怀愁绪，几年离索。错、错、错。春如旧，人空瘦，泪痕红浥鲛绡透。桃花落，闲池阁。山盟虽在，锦书难托。莫、莫、莫！”词牌名“钗头凤”源自五代时期无名氏所作《撷芳词》中“都如梦，何曾共，可怜孤似钗头凤”之句，故取名为“钗头凤”。

陆游用“钗头凤”大约有两方面的含意：一是指与唐氏仳离之后，“可怜孤似钗头凤”；二是指仳离之前的往事“都如梦”，倏然而逝，未能白首偕老。

著名词人李清照婚后与丈夫赵明诚两地分隔，独居寂寞的她也借钗头凤比喻其离情之痛，其在《蝶恋花》中：“暖雨和风初破冻，柳眼梅腮，已觉春心动。酒意诗情谁与共？泪融残粉花钿重。乍试夹衫金缕缝，山枕斜欹，枕损钗头凤。独抱浓愁无好梦，夜阑犹剪灯花弄。”“枕损钗头凤”描写的是她百无聊赖时靠在枕上发觉“凤钗”损坏的愁绪。望着眼前的凤钗不免想到“钗头凤”的爱情故事。感叹自己为什么不能像凤凰一样与丈夫双宿双飞，心中便更加伤感，以“物”撩拨起词人细腻的伤春怀人之感，如此含蓄委婉的笔墨道出深深地思夫之情。

明清时期城市经济的发展，市民阶层的扩大，都为这一阶段文学作品的产生奠定了坚实的基础。众所周知，明清小说中常出现一种“凤求凰”的爱情模式。其中，清末王韬《淞滨琐话》中有一段描摹媒婆说媒时的口吻神态：“媪笑曰：‘好笑王家小秀才！痴虾蛤吃天鹅肉。彼见公家英姑娇模样，令老身作撮合山，岂非败灰鸡结凤凰耶？’己又曰：‘小郎虽贫，才品颇不碌碌，惟门第不相当耳。’……媪亦笑曰：‘若玉姑肯嫁小郎，亦是大好伉俪……”[①]此处以媒婆说亲的视角从侧面反映出婚娶必遵守媒妁之言的婚嫁制度，且极为重视门第观念，将身份卑寒的“小秀才”对“英姑”的求爱比作“灰鸡结凤凰”。

①何满子，李时人编著：《明清小说鉴赏辞典》，浙江古籍出版社，1992，第 1328 页。

再有文学家钮琇《觚賸·睐娘》中有这样一段描述：“乃至蔷酱薇架下，瞥然一声，片花乱舞，落红满鬟鬓间，垂垂拂衫袖。有细彩流苏，贯相思子，缀以同心凤凰结，杂花而坠，中睐之右肩。睐惊愕，隔花望见一生，乌巾倩容，凝睇于睐。”[②]这一段是睐娘在花园里初遇“爱人”潘生时的情景，

②李格非，吴志达选编：《元明清小说选》，中州古籍出版社，1984，第 240 页。

少女在花园里游玩时把红豆用流苏串起来，系成寓意爱情美满的同心凤凰结，本是天真无邪的少女情愫只渴望得到一人心，却因为与潘生的相遇最终导致了她的爱情悲剧。这里值得注意的是，小说中出现的“凤凰结”也是古代时情侣间常用的传情之物。以结寓意，以结表情。正是因为人们相信“凤凰结”不仅带来吉祥好运，也能为婚姻爱情带来祥和之兆。

二、典故传说中凤与婚姻爱情

我国民间存在着许多关于凤凰的典故与传说，它们大都有着丰富而曲折的故事内容，在一定时期地域内广泛流传。最著名的莫过于司马相如以一曲《凤求凰》打动才女卓文君，二人喜结连理的故事。无独有偶，明末平西王吴三桂与苏州著名歌妓陈圆圆的爱情故事也为世人津津乐道。

相传，陈圆圆被皇亲田宏遇所夺，吴三桂在田府宴席上与陈圆圆相遇，二人一见钟情。田宏遇顺势将陈圆圆许给吴三桂，吴三桂因军务匆匆离京未及迎娶。不久，北京被李自成带领的农民军攻破，陈圆圆被掠。吴三桂闻讯大怒，引清兵入关，夺回了陈圆圆。清初诗人吴伟业在《圆圆曲》中描述了吴三桂与陈圆圆的爱情故事：“恸哭六军俱缟素，冲冠一怒为红颜！”同时，也有“以凤喻情”的表达“旧巢共是衔泥燕，飞上枝头变凤凰”，此句语意双关，双层设喻。以衔泥燕子飞上枝头变成凤凰，比喻陈圆圆依靠贵为王侯的夫婿而地位发生改变一跃成为人中“凤凰”。此句也在民间广泛使用，指代寻常人家女子因有好的归宿后身份地位发生改变。因为吴三桂与陈圆圆之间轰轰烈烈的爱情故事而引发无数女子有着“飞上枝头变凤凰”的美好愿景，再次体现“凤与婚姻爱情”存在联系的玄妙之处。

我国少数民族水族中流传着“金凤凰”的故事，水族人把美丽忠贞的女性称作“金凤凰”。她们喜欢用头帕裹成别致的造型，形如凤凰的凤冠，在她们的服饰中，凤纹图案也随处可见，这一切的装扮习惯皆是因为一个动人的爱情故事。相传很久以前，在一个地主家里一个年轻长工与美丽的丫头相爱了，虽然生活得很艰辛，但两人都希望依靠劳动所得组建一个属于自己的家。可是狠毒的地主对于他们的交往非常不满，故意增加他们的工作量让他们不得相见，二人受尽折磨。然而就在长工砍柴的山上住着一只神奇的金凤凰，它经常帮助长工。一天，长工与丫头从地主家逃走，躲进了深山老林中，地主仍然穷追不舍，甚至带人放火烧山，两位年轻人宁愿被困在山中，也决意不再回去。令人诧异的是在这熊熊火光中，竟然飞出了一对美丽的金凤凰，直入云端。看到此景人们都认为他们的爱情经历了真金火炼的考验，最终变成了比翼双飞的凤凰。在此之后，水族的女子争相依照“金凤凰”的样子装扮自己，将“金凤凰”的忠贞德行奉为自己的行为准则，人们也普遍接受以凤凰代表着坚贞不屈的爱情这一观点。

三、凤与婚俗器物

婚姻是特定社会条件下的产物，在特定社会政治、经济、文艺、宗教、伦理、风俗的作用下，一定程度上某个阶段历史形态的真实写照。“执子之手，与子偕老”，在中国人的观念中，婚姻关系涉及民族、家庭、传承、社会等方面，因此对于婚俗这一“明证”极其重视。凤凰作为爱情的象征，在婚姻缔结的仪式中是不可缺少的。凤凰结，凤纹铜镜、凤纹荷包、凤纹梳篦、凤凰花烛等器物就是对爱情走向婚姻的情感寄托。

在中国民俗文化中，凤作为百鸟之王拥有着兆瑞、秉德、喻情、驱邪等神性，这是祥瑞、爱情、专制皇权和民族文化的象征。[①]在源远流长的婚俗演变中，凤与婚俗器物相结合传达

①钟金贵：《中国崇凤习俗初探》，湘潭大学硕士学位论文，2005，第2页。

出更加生动有意义的内涵。所谓“器以藏礼”“器以传情”，不同时代婚俗器物中凤之形、神、韵等虽有所差异，但又有着一定的传承关系，所具有的文化属性和社会功能基本一致，即对新婚夫妇的美好祝福和婚姻生活幸福的期待。凤在婚姻爱情关系中象征美好、寓意丰富，对婚俗器物影响相当大。婚俗器物留下的不只是精湛的工艺美术价值，更多的是承载更深层次的历史、人文价值。这种模式千百年来仍然焕发着强劲的生命韵律，其特殊形式的情感载体为我们探索凤文化与服饰的关系提供了多方面参考。

周礼有周人的婚俗形制，周人婚礼上会举行庄严的祭礼来告知祖先以求得庇佑，女方会在自家祠堂供设祖先牌位以此祷告。双方父母也会在婚礼前告诫新人在婚姻生活中应该遵循宗庙礼仪的事项，是为“醮子礼”。由此可见，周人将婚姻缔结于宗法之中，做到了由上而下的传承，传承祖宗先辈的美德、家业、家规、家风。

在《周礼》一书中，玉璜被称为是“六器，礼天地四方”的礼器，其历史悠久，可追溯到新石器时代。早前，凌家滩遗址出土的一件龙凤玉璜被认为是早期的合婚信物。根据相关报道可知：此次出土了大批精美的玉璜，有的玉璜切割成两半，在两半的结合处各对钻一孔，有凹槽相连。其中虎首璜和龙凤璜被认为不是一般的饰物。虎首璜应该是一种兵符，是调兵和结盟的信物。图 4-1 是凌家滩遗址出土的龙凤玉璜，这件龙凤玉璜由两个部件组成，中间分开，一头为猪龙首形，一头为凤头形，据考证此物应该是合婚的信物，由此说明远古时期的凌家滩先民已经实行族外婚的婚姻形式，这种合婚信物的出现表明古代婚姻制度迈入了一个更为文明的新阶段。在《礼记·昏义》中：“昏礼者，将合二姓之好，上以事宗庙，而下以继后世也。故君子重之。”可以看出周人婚姻大事要祭告祖先以求

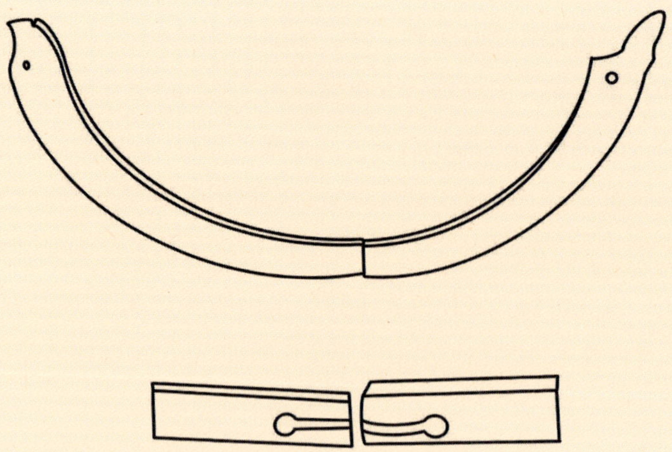

图 4-1 凌家滩遗址出土龙凤玉璜手绘图

得到宗族对一段婚姻成立的认可。所以，周代婚礼中祭祖仪式居于极其重要的地位。

中国传统婚俗中有众多代表美好祝愿的吉祥活动，撒帐就是旧时民间婚嫁过程中推动喜庆氛围的一种婚仪习俗，即新婚之夜将寓意“多子多福”的同心金币、五色果撒向床帐内。据说此俗由汉武帝与李夫人“遥撒五色同心花果”而来，其意义体现在新婚夫妇感应五色果的生殖力量，以求早生贵子，一直为后世所沿用。然而，“撒帐歌”是一种由专人吟诵的喜歌，在撒帐习俗的基础上慢慢演变而来。值得注意的是，撒帐歌中有大量以“凤”传达对新人寄予美好祝福的词句。《事林广记》中记载了一首宋末元初的撒帐歌：“撒帐东，宛如神女下巫峰，簇拥仙郎来凤帐，红云揭起一重重。”由此可见，撒帐歌中饱含着大量与凤相关的爱情典故以祝福新婚夫妇生活幸福美满，广受人民大众的喜爱，且具有相当的文学价值。伴随着撒帐习俗的广泛传播，“撒帐钱”这种特殊的婚俗之物也登上婚庆舞台。

图 4-2 龙凤烛台

据宋代《泉志》记载：唐代景龙年间，唐中宗嫁女时特铸“裙帐钱”，故而后在宋代民间开始流行使用吉祥寓意的钱币。2015 年 4 月在户部山作然书屋藏馆拍卖了一枚“永结同心”龙凤花纹钱币，其制作精美，品相保存完整，钱币的一面是“龙凤呈祥”的图案，另一面则是“永结同心”字样，钱币两面吉祥寓意皆是寄托着人们对婚姻美好的向往之情。有相关钱币专家表示，此物是中国传统花钱“福、禄、寿、喜”钱中的一类吉祥钱，即古时婚礼仪式上所用的钱形铸品。

魏晋南北朝时，在婚礼上已经开始使用大红花烛营造欢乐喜庆的氛围，民间多认为花烛的一根灯芯代表婚姻中夫妻二人在婚姻中一心一意，一对花烛则是寓意儿女双全，古时认为新婚夜龙凤花烛需要燃至鸡鸣时分，以此祝愿新人能婚姻长久。中华民族中特有的龙凤情结使得龙凤的意象在喜庆之事中成为吉祥福瑞、婚姻美满的代名词。图 4-2 所示的一件民国朱金堆漆龙凤烛台，漆灰堆塑的龙凤环柱缠绕，龙凤形象皆描金处理，烛台朱金相间，烘托了吉祥喜庆的氛围。古时人们信奉承婚庆典礼上使用饰以“龙凤”的花烛极其和谐，取龙凤崇拜相互交融之意，如同男女相互结合的阴阳调和。时至今日，我国贵州省思南县的国家非物质文化遗产龙凤花烛在现代婚庆中仍然焕发着新的活力，这种把花烛分成阴阳的“龙凤呈祥”的组合，寓意吉祥喜庆、富贵繁华，不仅融审美和实用为一体，在土家族和苗族婚庆典礼上占据着极为重要的地位。龙凤花烛成双成对，表示传统婚俗中的祝福意义在现代社会婚庆时再续古时香火，龙凤花烛持续燃烧将喜庆传递。因此，此时的“凤”作为一种吉祥符号为人们所用，其蕴含的精神气韵和委婉含蓄的浪漫正是凤文化所传达的精神特征。

作为古诗发展的全盛时期，唐诗中留下了许多关于婚俗习惯的诗句。如现在人们常说的结发夫妻，即合髻习俗在唐代婚俗中颇为流行。唐代诗人杜甫“结发为君妻，席不暖君床”，冯待征“年华灼灼艳桃李，结发簪花配君子”之句皆是例证。“结发”寓意新婚夫妇“永结同心”，作为男女爱情坚贞的象征，这又与“凤凰结”的吉祥寓意如出一辙。凤凰结是指用一个酢浆草结编织凤鸟头部，再用两个长度大小不同的结盘成凤身形状。这种以锦带编结成环的方式所蕴含的深切情谊尤为厚重，女子编制和传送“凤凰结”乃是古时婚姻习俗的一种重要表现形式。中国人的“绳结”情怀在一根绳结的曲折缠绕中将婚俗里喜庆、团圆、温馨的美感展现得淋漓尽致。

提及“结发”，梳篦自然不得不提及。李贺有诗云：“鸾篦夺得不还人，醉睡氍毹满堂月。”头发又称为“青丝”，取“情思”谐音，意为白头偕老。古时女子嫁妆就有“龙凤梳”之说，即一对梳子一枚雕龙纹一枚雕凤纹，这也体现了阴阳五行中调和阴阳，象征夫妇“百年好合”。我国使用梳子的历史久远，早在新石器时期就出现了以玉为材质的玉梳。据2018年8月8日《收藏快报》报道的战国中山王厝墓出土两枚玉梳：

图 4-3 双凤纹黄玉梳手绘图

其中一枚双凤纹黄玉梳（图 4-3），半透明的明黄玉材质，半椭圆的梳柄上雕有两只相对且双颈相连的凤鸟，另一枚青玉梳雕的则是独首双身的螭龙。人们将上古以来的龙凤纹赋予吉祥且祈求瑞兆的心理。梳篦在古代日常生活中作为女子梳理发型的必要工具，与古人生活密不可分，“插梳”的风气也曾风靡一时。那么这种饰品在婚俗中有某种象征意味。例如我国梳篦著名的生产地江苏常州，自魏晋以来拥有悠久历史的常州梳篦在文化传承方面占据极其重要的地位，古时婚嫁常有女子出嫁前家人为其梳头的习俗，俗称“上头”。行此礼时还必要求说吉利话，即梳头歌，民间流传下来的“一梳梳到头，富贵不用愁；二梳梳到头，无病又无忧；三梳梳到头，多子又多寿；再梳梳到尾，举案又齐眉；二梳梳到尾，比翼共双飞；三梳梳到尾，永结同心佩。有头又有尾，此生共富贵。”这些吉祥话饱含了娘家人对女子婚姻幸福的美好祝愿。

宋代因商品经济前所未有的高度发展，货币和商品流通加快影响了人们婚嫁重财的婚姻观，最典型的例子就是南宋时宁绍地区颇为盛行的“十里红妆”的婚嫁习俗，这种特殊的婚嫁文化一直保留且传承至今。“十里红妆”中有女子梳妆所用的奁盒，即盛所用化妆用具的匣子，宁海十里红妆博物馆就藏有这样的奁盒，一般为朱漆泥金雕花式镜台，有小的抽屉。台上立有金镂雕花的屏风。[①]此外，十里红妆中的花轿也十分瞩目。清代金箔贴花花轿，也称为万工轿，是清末民初典型的宁波式花轿。此轿木质雕花，朱漆铺底饰以金箔贴花，以圆雕、浮雕、透雕等工艺进行装饰。轿顶上有立体式莲花，以及人物及花鸟虫兽形象，还有龙凤、仙鹤、石榴百子等寓意吉祥的形象。通体颜色鲜艳，十分夺目。在浙江省博物馆展厅中，民国朱金木雕宁波花轿属于“十大镇馆之宝”之一，花轿朱漆铺底，金箔贴花，漆雕并重的手法体现了热闹非凡的婚嫁场景。

①郑超：《浙江宁海十里红妆设计文化研究》，苏州大学硕士学位论文，2014，第23页。

“十里红妆”中的铜镜既是日常生活用品，又是一种精美的艺术品，铜镜上的凤纹因寓意吉祥幸福，在“十里红妆”中被女子作为嫁妆器物。关于凤纹铜镜的历史，最早可追溯到战国，其中，具代表性的有河南信阳2号楚墓的三凤镜和湖北荆门包山1号楚墓所出土的四凤镜，这两面铜镜都是以圆形小镜钮为中心，按单元划分凤鸟与卷云纹相连，凤鸟成对翩然起舞有极强的艺术感染力。这些凤纹铜镜在当时社会是否专为婚俗器物而打造我们不得而知，但从现存的传统婚嫁习俗中，我们可以窥见嫁妆镜也是婚俗器物中频频出现之物，这物件无疑是婚俗嫁妆文化中不可或缺的。

明清时期因刺绣工艺的发展，绣荷包这一传统手工艺活动尤为盛行。明清时期荷包所用题材大多是与吉祥图案相关的，如花好月圆、多子多福等。不仅恋人之间传达情谊以荷包为信物，新婚夫妻所用荷包则多绣恩爱的鸳鸯、凤鸟和寓意多子多福的桂花等花草纹样。

至近代，带有凤纹装饰的荷包仍然广为使用。荷包是兼具实用性和审美情趣的生活用品，不仅仅是人们将情感注入艺术之中的手工艺品，还在男女传情、婚俗嫁娶仪式中占据重要的地位。

综上所述，凤起初作为原始的图腾崇拜后慢慢演化具有一些特定文化内涵，从神秘不可测的灵物到进入寻常百姓人家象征吉祥幸福的祥瑞符号。在不同的文学作品或民间传说中，其阐释方式不同，侧重点各异，或喜悦，或苦情，或离伤，但其传递的喻情文化内涵则是人们共同的情感寄托。在笔者看来，这实际上是大众在一定历史条件下对凤凰另类崇拜和再解读，在一定程度上表达对美好婚姻爱情的追求。而这些以各种形式所展现的“凤与婚姻爱情”无疑为我们研究凤与婚礼服饰文化奠定了坚实的基础。

第二节　中国婚仪服饰演变

婚仪服饰伴随着历史朝代的更迭，始终在变化，但无论婚服的款式和色彩怎样变化，都蕴含着深厚、沉淀的中华文明。嫁衣的形式从先秦呈现庄重姿态的“严装素裹”，到唐宋拥有鲜明风格的“钗钿礼衣”，再到明清民间嫁娶普遍使用的“凤冠霞帔”。嫁衣的演变随时代的变迁，不断地继承和革新，在中华文明中占据着重要的地位。凤的象征意义在婚仪服饰中得以体现，从王室后妃、朝廷命妇专用到民间婚嫁使用，凤缓缓走下神坛。

一、婚俗演变概述

有学者认为：我国较为完整的婚姻制度便形成于周代。[①]周代，集礼仪之大成的时代，其等级森严的社会制度为婚姻礼仪制度提供了基础。婚姻，周代又称“昏姻”或“昏因”。《礼

①蔡利民：《掀起你的红盖头——中国婚礼》，上海文艺出版社，2001，第19页。

记》中提到："是以昏礼纳采、问名、纳吉、纳征、请期，皆主人筵几于庙，而拜迎于门外，入，揖让而升，听命于庙，所以敬慎重正，昏礼也。"即男女婚礼的仪式是在黄昏时分，男子迎亲，女子随之嫁到男子家中。而关于婚礼习俗的形制，早在《通典》中有注"订婚姻之时，六礼之义始备"。六礼指纳彩、问名、纳吉、纳征、请期、亲迎，主要在贵族阶层实行，对于平民则放宽要求。而后朝代更迭，形制变化，都是以六礼为基础而发展的。在六礼中，亲迎是一场婚礼的最为关键的步骤，因为婚礼的举行表示一段新生活的开始。古人重视婚姻大事，自然重视迎亲这一迎进新人的礼仪，其原因一是出于对婚姻大事的重视，二是表示新郎对新娘的爱慕和喜欢。周代婚姻承"万世之嗣"，《礼记·曾子问》中"嫁女之家，三夜不息烛，思相离也。取妇之家，三日不举乐，思嗣亲也"。讲的是嫁女后女方娘家三天烛火不息的习俗，表达对出嫁女儿的思念。"不举乐"是男方对女方父母嫁女后的安慰和尊重；也有学者提出"不举乐"可能是原始社会掠夺婚的一种遗俗。"不举乐"这一婚俗则与后世婚礼仪式呈现的热闹场景完全不同，周代婚礼宁静且朴实，用一种静谧的方式体现新婚夫妇所向往的岁月静好。

周代"六礼"是古代婚姻形制的奠定者，汉代则在纲常道德的范畴上对婚姻形制提出更高的要求。受"三纲五常"的道德约束，汉代婚礼形制中的礼仪制度是对周代传承而来的宗法制度的纵向延伸。汉代儒家思想礼制渐趋严密，于是开始提倡一夫一妻制的聘娶婚，即不论天子、诸侯、庶人都要遵循这种聘金彩礼求婚的婚娶形制。"聘娶婚"是原始社会不同氏族间群婚掠夺行为演变而来的逐渐文明的形式，汉代婚娶形成极为重视聘礼的风俗。所以不同于周代婚礼的简朴低调，汉代婚礼崇尚热闹的喜庆氛围。蔡邕的《协和婚赋》中有这样的记载：

“良辰既至，婚礼已举，二族崇饰，威仪有序，嘉宾僚党，祈祈云聚，车服照路，骖骓如舞。”[1]四言八句就生动描述出汉代婚礼十分欢乐热闹的场景。除大设宴席外，“举乐”庆贺的形式也在此时兴起，并且更多具有文化和娱乐元素的婚俗如闹洞房、掀盖头、撒帐等也在此时有了雏形。

①徐坚等：《初学记》，第2册，中华书局，1982，第355页。

至魏晋南北朝时期，不同民族间的文化交流和融汇导致传统的经学中衰，礼崩乐坏，因此给这个时期婚礼习俗带来多样化的影响。南方婚礼形制皆依照“六礼”，且多注重门第；而北方则仍然保留原始婚俗，带有鲜卑族的民族特色。“却扇”就是一个魏晋婚俗“胡化”极具代表性的例子，这种旧俗源于鲜卑族，始于晋代，要求新娘在整个婚礼进程中用扇子遮住面容直到见到新郎才能放下，这一习俗取义于新妇放下扇子、礼仪完备后进入全新的生活。南北朝文学家何逊《看伏郎新婚诗》有“何如花烛夜，轻扇掩红妆”句，这是对“却扇”风俗在魏晋时期盛行的描写。

如果说魏晋南北朝时期婚俗所体现的特点是多样性，唐代婚俗体现的则是开放性。在文化、艺术、美术、音乐等方面都呈现出极其活泼的面貌，这种“活泼”不仅表现在开放程度堪比现代，更多体现在婚姻制度礼法中。一方面，《唐律》对于婚姻缔结、限制、解除方面有强有力的约束；另一方面，在实际生活中，也出现了许多逾越礼制甚至与之相悖的现象。《唐律》甚至还出现了和离制度，类似于现代的协议离婚。至于唐代的婚俗文化，可以用灵活多姿、异彩纷呈来形容。唐代婚礼讲究豪华的排场，且礼制相关的节目繁多。如唐代封演《封氏闻见记》卷五“花烛”中记载：“近代婚嫁，有障车、下婿、却扇及观花烛之事，及有卜地安帐并拜堂之礼，上自皇室，下至士庶，莫不皆然。”[2]这里提到的障车、却扇、观花烛（观华烛）、安帐、拜堂等众多习俗，都是在民间十分盛行的婚礼

②封演撰，赵贞信校注：《封氏闻见记校注》，中华书局，2015，第22页。

习俗。如此种种独特的婚姻礼俗，不仅增加婚礼的形式，还传达唐代社会鲜活的生命力。

宋初虽承袭了唐代的婚俗，但经历了分裂和统一后，原有的一套婚姻制度已经无法适应新的社会形态，所以相较于唐代，宋代在婚姻观念、制度、习俗上都有较大的转变。宋末年制订《政和五礼新仪》，士庶人的婚礼，“并问名于纳采，并请期于纳成”，使“六礼”变成了“四礼”。[①]再者，宋代的迎亲之礼相较于唐代更显隆重。男方不仅要在迎亲的前一天送去新娘装扮的东西，女方也要到男方家中布置新房，称为“铺房”。迎亲当天，还有“拦门”“撒豆子”“跨马鞍”“坐虚帐”“交杯酒”，以及第二天“新妇拜堂”等习俗。宋代婚礼仪式减去了部分繁琐的步骤和严肃的礼制要求，创新性地增加一些生动活泼，更符合婚嫁时喜庆氛围的礼节，这也传达出人们对婚姻的美好祝愿和向往。

①王玉波：《中国婚礼的产生与演变》，《历史研究》1990 年第 4 期，第 11 页。

元代整体的婚姻制度则带有极度明显的民族特色，呈现与前代截然不同的婚俗特征。首先，元代袭前代的“同姓不婚”“一夫一妻制或一夫多妻制”“聘娶婚”等婚姻形式。其次，这一时期还出现了与中原文化不同的蒙古族婚姻形式，如“抢夺婚”“收继婚”“入赘婚”“指腹婚”“童养婚”。关于婚礼程序，元代的礼制依然沿袭前代传统的“六礼”，只是在此基础之上稍加改动，一共七道程序：议婚、纳彩、纳币、亲迎、“妇见姑舅”、庙见、“婿见妇之父母”，“纳币”则被视为婚礼程序中最重要的环节。在迎亲这一环节中就有数十种婚俗程序，且在媒人、婚书撰写方面更具规范性。蒙、汉民族间频繁地交流使各民族的婚姻观念习惯相互影响，也体现了各民族融合的进程。

明代在婚姻法律制度方面更加完善，其表现在《大明律》中对于婚姻缔结就有严格的法律程序要求。明代社会以理学作为维护封建统治的思想，对于“媒妁”制定了严格的礼制规范。又袭元制设立官媒，并把媒人作为一种专有的社会职业。在明清小说中比较常见的形式有“官吏媒妁”“市井媒妁”“亲友媒妁（多为父母兄长做主）”[1]。至于明代婚礼程序依旧“六礼”而行，但只针对帝王和宗室上层阶层要求礼仪全备，在民间各类程序会稍简化一些，只行家礼要求的“纳彩、纳征、请期、亲迎”四礼。另外，民间婚姻习俗也有着一些既定的名词：发草帖、传红、行礼、回盘、铺嫁妆等。

①毕波：《明清才子佳人小说中的“媒妁”形象研究》，济南大学硕士学位论文，2009，第 15 页。

清代的婚制主要沿袭明代，又是满族民族习俗和汉民族的传统礼制的融合，最突出的表现在于清代的“满汉通婚”。主要的婚姻形式有：抢夺婚、收继婚、转继婚、指腹婚、入赘婚和童养媳等。关于礼制，清代满族仍然保留着一些满族婚姻习俗的民族特色。如满族婚礼中的“打下处”“坐帐”和“插车礼”等，皆为女真人因部落间长途跋涉送亲的传统习俗。[2]满族受汉民族文化的影响，满族婚礼渐染汉习，其中也出现了“坐花轿、掀盖头、喝交杯酒”等习俗。

②杨洋，张德玉：《满族传统婚姻习俗的民族特色》，《满族研究》2003 年第 3 期，第 76 页。

随着封建王朝的结束，中国传统婚俗在婚姻观念、婚姻形制、婚姻礼仪等方面形成了一套完整且成熟的体系。历代婚俗演变中那些看似充满戏剧性和不必要的繁文缛节，实则是婚俗在社会发展中的流传行迹。近现代的婚姻程序较古代更为简化，婚姻观念转变和婚礼形制呈现出更多元化的面貌。

纵观我国古代传统婚俗，从最原始的严守“六礼”标准到“文明婚礼”到后来的“中西合璧”，传统婚俗习惯由繁冗复杂逐渐向简单便捷转化。也正是因为对传统文化和礼仪的传承，我们在今天仍然能对古人传统的婚嫁图景加以复原和探究，在婚俗文化中领略传统文化的人文情怀。

二、婚礼服饰演变

周代产生了冠服制度，如此一套相对完善的礼服制度对后世影响深远。婚服属于一种特殊的礼服，特指新婚夫妇在婚礼仪式上穿着的礼服和相关的服饰品。周代的“纯衣纁袡”，秦汉时期等级严明的深衣制，隋唐时期的“钗钿礼衣”，明清以后有所改良的“凤冠霞帔”，到近现代中西合璧式的礼服。中国传统的女性婚服在数千年的发展和演变中构筑了极为丰富深远的文化内涵。然而，无论婚服形制如何变化，凤凰作为婚姻爱情中的忠实见证者总是能以不同的风貌出现在婚服的设计中，展示其无与伦比的魅力。

关于古代女性婚服的相关资料较少，史料中记载的也大都是帝后大婚的服饰或者上层社会的女性婚服，可探寻民间婚服的资料不多，因此这就更需要我们积极探寻其内在的文化内涵和意义。笔者试图从出土的文物和传世文献中探寻凤在古代婚仪服饰中的艺术特征和艺术精神。

（一）严装素裹

先秦时期婚礼仪式较简单质朴，遵守“不举乐”的婚俗而注重静谧庄严的意境，于是婚服的颜色也不同于后世婚服那般鲜艳，而是简单庄重的玄色。值得注意的是，早在这一时期，凤作为服饰纹样已经运用在服装上。1982 年江陵马山 1 号楚墓出土的衣服，如串花凤纹绣绢锦衣、对龙凤纹大串花绣绢锦衣，沈从文先生认为这类短筒、款袖口、刺绣凤鸟主题纹样的长衣，增饰加工不厌其烦，可能是当时社会上层妇女的一种吉服或礼服。[①]自社会产生了阶级后，服装就有了等级之分，也存在相应的服制要求。礼服、吉服是遇大型典礼或祭祀活动的服制，这种“大型典礼”很有可能就包括婚礼活动，由此笔者认为这种带有凤鸟纹样的服装则有可能是女子婚仪活动中所

①沈从文：《中国古代服饰研究》，商务印书馆，2011，第 124-128 页。

用的礼服。

汉代婚礼喜庆之态已兴，加之染色技术对手工业的推进，婚服的色彩也开始变得艳丽、明快起来。从已经发掘的古墓和出土文物上来看，汉代服饰主要是袍服，这一点在长沙马王堆1号墓出土的几件衣服中得到了证实，按照《礼记》中深衣的式样改造而来的袍服。由此我们可以推断出女子婚服式样应该以“宽袍大袖”为主要形制。再者，服饰礼制日趋完善，对于服装用色和纹样都有严格的规定，《后汉书·舆服志》中就有王公贵族和商人阶层婚仪服饰用色的规定：“公主、贵人、妃以上，嫁娶得服锦绮罗縠缯，采十二色，重缘袍。特进、列侯以上锦缯，采十二色。六百石以上重练，采九色，禁丹紫绀。三百石以上五色采，青绛黄红绿。二百石以上四采，青黄红绿。贾人，缃缥而已。”从这里看出：服饰制度的限制使得贵族阶层女性婚服用料和用色皆丰富于“重农抑商”政策打压的商人阶层的女眷，服装划等级尊卑显得尤其突出。其中“重缘袍”指的是袍服多为双重边，多重层次的装饰。汉代女子婚服形制为衣领、衣襟、衣袖处饰有不同色缘边、颜色多为玄黑色和纁黄色的宽袍大袖。

这一时期内凤的形象是否出现在婚服上了呢？我们可以从古籍和文物中寻找答案。西汉史游所作《急就篇》中写：“齐国给献素缯帛，飞龙凤皇相追逐。”从“飞龙凤皇”的描述中可以知晓这一时期内织锦纹饰已广泛使用云气动物纹，龙凤呈祥的圆满吉祥寓意也已经被发掘并使用了。自汉代张骞开辟西域之路，丝绸便成了中国在古代世界发光的珍宝。在某些层面上，丝绸之路也是一条与服饰相通之路。得益于汉代“丝绸之路”的凿空，丝织品种类丰富、织造技术不断发展，那么人们使用凤鸟纹样的丝织品制成衣服合乎常理。凤又象征吉祥，寓意婚姻美满幸福，由此推断出凤纹出现在婚服中也是极有可能的。

至魏晋南北朝时期，少数民族政权林立，胡人服饰风尚与中原服饰文化相互交融。关于婚服的记载和图像资料相对较少，但也不是无迹可寻。当时的精英阶层十分盛行玄学，据研究，魏晋时期的神仙观念对士人的审美理想产生极大影响，他们的理想形象是高、瘦、白、丽，具体参照形象为《庄子·逍遥游》中的姑射山神人“肌肤若冰雪，绰约若处子，不食五谷，吸风饮露。乘云气，御飞龙，而游乎四海之外”。[1]在服饰形象上，这一时期追求“以无为本，返璞归真、清新淡雅”，以宽衣大袖衫为尚，女性服饰则有杂裾垂髾服，衣带飘飘，仿若仙人。据《东宫旧事》记：“太子纳妃，有白縠，白纱，白绢衫，并紫结缨。”可见，这一时期的婚礼服饰一改周汉以来的严装肃穆的形象，转向飘然简素的形象。根据时尚传播的“滴流”理论，上层社会的时尚一般是次等阶层的模仿对象，可以推想，当时的婚仪服饰尚白求素，应以简洁为潮流。

①李修建：《风尚——魏晋名士的生活美学》，人民出版社，2010。

总的来看，先秦至魏晋时期的婚服可以用“严装素裹”来形容，周礼对婚俗的庄严肃穆的要求在婚仪服饰上得以体现。此阶段的婚服简单、朴素，与后世纷繁复杂姿态的婚服着实不同。

（二）钗钿礼衣

唐代在是封建社会的鼎盛时期，在中国社会的历史进程中占据非常重要的地位，这时期内的婚服整体上也呈现出别样的特色。

唐代婚服最突出的特点体现在颜色的选用上，男服绯红，女服青绿。受唐代科举制度的影响，男子高中状元穿着红袍被视作一种极其风光的事，在新婚之日，新郎服红袍骑高匹大马享受官员的待遇可称为“假服”；而“青衣”谐音隐喻“情谊”，女子德行专一，能收获到婚姻中感情的真挚如一。

唐代婚服的形制则是“钿钗礼衣”，即新娘头插金翠花钿，身穿大袖衫款式长裙，披帛，外加广袖上衣。不同等级的妇女穿此婚服的规格不尽相同，尤其在钿钗的使用上有着严格的等级规定。唐高祖武德四年，《武德令》以国家令文的形式制定了自帝王后妃，下至文武百官及其妻女的服饰制度，甚为完备。关于皇后的婚服，皇后所用礼服有袆衣、鞠衣、钿钗礼衣三等。皇后因身份尊贵，可以享用与皇上冕冠十二旒相对等的花钿十二枝，穿用青衣、青袜和加有金饰的鞋，并系上革带。这里的青衣指深青色袆衣，上面绣有白腹锦鸡的图案，系在衣前的蔽膝也有锦鸡图案，这里的锦鸡便是凤凰的原型代表之一。龙代表天子，而凤作为天子的附庸常被用在后妃尤其是中宫皇后的服饰上。

再者，关于朝廷命妇的婚服，在《唐六典》中有所记载：“凡外命妇之服，若花钗翟衣，外命妇受册、从蚕、朝会、婚嫁则服之。其具体划分为：第一品，花钗九树，翟九等；二品，花钗八树，翟八等；三品，花钗七树，翟七等；四品，花钗六树，翟六等；五品，花钗五树，翟五等。”由此看来，一品至五品的高官婚嫁可以用花钗翟衣，按照官级的高低，女性能够使用的花钗、锦鸡数量不尽相同，再加之鞋舄不能加金饰的规定，最次是六品以下和庶民阶层女子的婚服。据《新唐书》记载：“大袖连裳者，六品以下妻，九品以上女嫁服也。青质，素纱中单，蔽膝、大带、革带，韈、履同裳色，花钗，覆笄，两博鬓，以金银杂宝饰之。庶人女嫁有花钗，以金银琉璃涂饰之。连裳，青质，青衣，革带，韈、履同裳色。”此阶层女性婚服形制较前者更为简单，只用穿上典型的青色大袖衫，头戴花钗。

在唐代笔记小说《杜阳杂编》中也有对于公主出嫁妆饰的记载，同昌公主出嫁时有“九玉钗，上刻九鸾，皆九色”。鸾是九色神鸟，青口，绿颈，紫翼，红膺，丹足，绀顶，碧身，缃背，玄尾。这里指出九只鸾皆具备九种颜色，皇皇光彩，雕镂神奇，生动地刻画出同昌公主妆饰之华丽。

通过上述古籍的描述，唐代各阶层女性婚服基本可以用“花钗青质连裳，青衣革带韈履”来概括。相较于女性婚服的多样性，男性婚服简单得多。《唐六典》中记载：“若职事官三品已上有公爵者，嫡子婚，听假絺冕；五品已上孙、九品已上子及五等爵婚，皆假以爵弁服；庶人婚，假以绛公服。”这里可以看出男子婚服只需要根据社会地位高低分别选择絺冕、弁服和红色公服。

学术界普遍认为唐代婚服承继秦汉特点和庄严神圣又加以唐代本朝浓烈的喜庆华丽之气。《武德令》对于不同社会阶层的服饰做了严格的规定，不得僭越。但就婚礼这个特殊场合而言，平民也被允许跨越自己的实际级别按照礼仪行事，这就是唐代婚俗中盛行的“摄盛之俗”。所谓“摄盛”，实则是一种流传甚久的习俗，《周礼》中早有“新迎亦当玄冕，摄盛也”的记载。东汉郑玄对《仪礼》注释时称新人越级使用礼制器物的情况为“摄盛”，如新郎官可虚抬自己的身份、官位，可乘五马之车，头戴卿大夫的冠帽。唐代敦煌壁画关于婚嫁题材的婚礼图就有 46 幅。当然，这些描述弥勒世界里婚嫁场景的作品自然是壁画的创作者依据当时敦煌地区婚俗而创造的。盛唐第 116 窟中的婚礼图，新郎新娘在青幔中行“作揖”之礼，新郎穿着如同帝王一般，头戴冕旒，褒衣博带。新娘头戴花冠，身穿后妃级别的青色长裙；晚唐第 12 窟壁画中的新郎穿着正红色袍服，头戴幞头，双手持有朝廷命官朝会所用的笏，一身官僚贵族的装束。而新娘则是珠翠满头，着帝后和后妃才可用的凤冠，极尽奢华。总的来说，唐代政治开明和经济发达造就了服饰发展的鼎盛时期，唐人对凤的喜爱在唐诗、器物和服装有体现。

在中国古代礼服制度的发展中，唐宋两代既相承相袭又风格迥异。宋代服饰制度的改变，实则是变古和规范，是服饰礼制的特性。相较于唐代婚服的富丽堂皇，宋代婚服整体呈简约唯美的特点。最重要的是，这一时期程朱理学备受推崇，女子在服饰的选择上受到限制，谨遵"务从简朴、不得奢华"的宗旨，摒弃了唐代服饰的那种繁复奢华，更多了几分清新典雅的意味。婚服的形制在承继唐代的钿钗礼衣的基础上有所改变，变为一种花钗大袖式样的婚服。

《宋史·舆服志》中记载："淳熙中，朱熹又定祭祀、冠婚之服，特颁行之。凡士大夫家祭祀、冠婚，则具盛服……妇人则假髻、大衣、长裙。女子在室者冠子、背子。"贵族阶层女子的婚服是大袖衫，具体形制与后妃所用大袖衫大抵相同，但在服装制作的材料和装饰手法上皆有所不同，时刻保持着服饰制度的固化性质。再者，以《梦粱录》中的婚娶篇为例，其中有关于女性婚服的记载："且论聘礼，富贵之家当备三金送之，则金钏、金镯、金帔坠者是也。……亦送销金大袖，黄罗销金裙，段红长裙，或红素罗大袖段。亦得珠翠特髻，珠翠团冠，四时冠花，珠翠排环等首饰。"[1]从中可以看出富贵及仕宦之家为女儿准备的嫁妆，可以知道新娘礼服是销金裙或段红长裙，或红色大袖。首服是珠翠花冠，这一点也印证了宋代凤冠礼制中明确规定的只有皇后、后妃这种贵族阶层的凤冠才有凤鸟装饰，而普通阶层的女子的凤冠，没有繁复的装饰，也没有龙凤，只有花钗，珠宝翡翠。

总之，宋代的婚服为明代"凤冠霞帔"定型奠定了基础。由唐代"披帛"发展而来的流行服饰品在宋代纳入命妇服制，最终走进民间成为汉族女子婚服的标配。社会思想文化的影响让人们的审美发生改变，婚服在宋代的发展可以说是一个承上

①吴自牧撰，阚海娟校注：《梦粱录新校注》，巴蜀书社，2015。

启下的重要阶段。

（三）凤冠霞帔

明代以降，凤冠和霞帔的完美组合在女子服饰中的地位达到了最高的级别。明太宗因在政治上标榜“正统”，服制中相应的体现就是分明且齐全的等级制度，这也巩固了婚服在品级上的差异。宋代帝后凤冠实属中国服饰史中精美绝伦的惊艳之作，霞帔也十分盛行，宋代在加强等级尊卑的基础上，把这两个服饰文化中的瑰宝完美结合，成为汉家女性婚服的代表之作。

从字面，形制到寓意，“凤冠”相对“霞帔”而言，给人一种异常的和谐之感。明代婚服集这两者的结合成为明代女子及影响后世千年的婚礼服饰，人们把戴凤冠、穿霞帔的新娘看作是妻，是明媒正娶。然而，纵观千百年的传统婚俗，“凤冠霞帔”这一服饰礼制最初并不是只作婚嫁用途的传统中式嫁衣。在戏曲中，它是旦角穿着象征身份高贵的戏服，《贵妃醉酒》中有杨贵妃穿戴点翠凤冠和“霞帔”的经典形象；在大型祭祀或节日庆典时刻，宫廷贵妇也会穿上与其身份地位匹配的凤冠霞帔参与典礼。

1. 凤冠

凤冠最初的形制是将凤钗插在女子的冠饰上，但这种形制因为制作成本极其昂贵，基本上只有贵族阶层中身份高贵的女子才能享用，对于平民女子而言是远不可及的。因此，笔者认为：基于这一层面上的分析，凤冠为贵族阶层女子所用不仅是装饰，实则更是一种礼冠。即自宋代开始，凤冠正式作为一种礼冠被纳入冠服制度。虽然在此之前有不少以凤的某种造型或者带有凤元素的冠饰出现，例如唐代宫廷舞女爱戴凤冠的风俗，唐代敦煌壁画中频频出现女供养人形象中的凤冠。

这些或做装饰或做身份象征的凤冠或许带有“礼冠”的意

味，可能是真正意义上“礼冠”的前身。自宋代开始，凤冠开始成为后妃受封或者重大场合的礼冠，正式成为最高级别的女性首饰。这一点可以从宋代皇后画像中找到佐证。观察宋人所绘历代宋后画像，发现大小的花株满布全冠，博鬓也增加为左右各三扇，并饰以珠翠龙纹，垂珠结；冠顶是九龙四凤，包括左右八条小龙和中央一条大龙，表示皇后是皇上的嫡妻，未来所生嫡子也是要做皇帝的；四凤有时背乘仙女，有时数目还增加到九只。

虽然贵为后妃专用礼冠，但宋代以来民间女子结婚也会使用凤冠。可以说，在这个人生高光时刻，女性的社会角色得到转变，其身份因佩戴凤冠而实现了象征性的跨越。当然，这种服饰制度在阶层之间的松动也源于精英文化和大众文化之间的双向互动。

在东海之滨、招宝山下有一首流传千年的民谣：“镇海张鑑碶，村姑救皇帝，布襕叉大旗，大脚封贵妃，凤冠霞帔留民间，龙凤花轿抬民女。”讲的就是“浙江女子尽封后”的民间传说，近年来宁波据此新创越剧《明州女子尽封王》也再次发掘了这个尘封故事。关于凤冠霞帔民间有一段流传了 800 多年的美丽传说。

金灭北宋后，南宋第一位皇帝高宗赵构在应天府即位。金兵南下，逼近京城临安（杭州），赵构只能弃城南逃，金兵紧追不舍。一天，他逃至今浙江宁海过西店境内的前金村时，见路边有一座破庙，寺庙前一片晒场。一位正在劳作的姑娘坐在晒场的谷箩上。姑娘虽不知他的身份，却毅然选择帮助他，她让赵构藏进自己坐着的谷箩里，仍镇定自若地做着手中的绣活。金兵随即过来追问赵构的下落，姑娘从容地用手指向相反的方向，金兵信以为真，向错误的方向猛追而去，赵构巧妙地躲过了一场杀身之祸。因此，赵构十分感谢这位姑娘，更欣赏她临危不惧的精神，许诺他日若东山再起一定迎娶这位姑娘入宫做自己的娘娘，不久后赵构迁都于杭州，想要报答那位姑娘，不仅亲封她为自己的“娘娘”，还特意为她重修那座破庙，御笔钦赐“皇后庙”。然而姑娘不愿接受这样的赏赐，也不愿进宫。高宗闻之也只得尊重姑娘的选择，特许姑娘出嫁时享受“娘娘”册封级别的待遇，穿戴“凤冠霞帔”，坐龙凤花轿。由此，民间女子听闻纷纷效仿，于是江浙地区女子出嫁穿戴凤冠霞帔的习俗一直流传下来，浙江宁海地区依然可见宏大热闹的“十里红妆”场面。这个民间传说中的“凤冠霞帔”专指宋代以来专用的婚仪服饰，即花冠、霞帔、大袖衫的服饰组合。

明清以来，关于服饰等级划分功能的规定仍然十分严苛。《舆服志》中规定：除皇后、后妃在受封、祭祀、朝会等隆重场合可以戴凤冠以外，平民阶层的妇女一律不能私自戴凤冠。然而，一些高官和商人阶层拥有大量的钱财，他们往往花费颇多为自己家族中的女子打造形制形同后妃所用的凤冠。久而久之，朝廷无法管制，这种内外命妇和富商女子婚嫁所用的礼冠也被称作“凤冠”。这里要说明的是：即使内外命妇可以使用“凤冠”，但这种用珠翠、花钗和金翟组合的“凤冠”只是一种礼冠，其形制和各种的服饰用料、制作与皇后、妃嫔所用的凤冠都无法比拟。既有如此的僭越之举，民间平民阶层家族的女性出嫁自然会效仿此举，人们往往会根据自身经济状况，竭尽全力为新娘打造一顶“凤冠”，因此，明清以来的中式嫁衣在头饰方面的形制就此确立。

清代以降，凤冠就不再是宋明以来的样式。据《大清会典·冠服》中的记载可知，清代皇后的凤冠只是一种“取其文未取其式”的意形模式，即皇后和后妃参加庆典时的礼冠形制是一种红色折檐软帽，时称这种首服为“朝冠”。故宫博物

图 4-4 点翠嵌珠后妃朝冠

院馆藏的皇后冬季朝冠，整体的造型为圆形卷檐式，冠顶中间是铜镀金累丝，每层有凤一只和大珍珠一颗、粉红碧玺一颗。点翠嵌珠后妃朝冠（图 4-4）上缀有金累丝托贯金凤、珍珠各三，红色丝绒上是缀金凤七、金翟一，按礼制应为皇太后、皇后在大典所戴。各等级的后妃在不同场合时依据制度有明确的佩戴要求。此时，民间婚嫁时女子“假服”凤冠的习俗已经使“婚冠”的意味更加浓厚。“凤冠”彻底从贵妇服饰转变为民间平民女子皆可服的标准化婚仪服饰。

纵观凤冠自宋代以来的流变，不难看出：作为一种鲜明的文化符号，凤冠巧妙地将象征帝后的凤凰和以礼为核心的礼冠做到了完美的结合，是封建社会里最高等级女性的象征。女性使用与男性的冕冠对等的冠参加社会活动，以服饰的象征意义求得社会身份的认同，这既是服饰的社会功能，也是千百年来女性如此热烈追捧凤冠的原因。集合众多文化内涵，凤冠就这样由原始氏族的图腾崇拜到后妃专用最终进入寻常百姓家。

2. 霞帔

提及霞帔，狭义上的理解往往会偏向于与凤冠相匹配的女子嫁衣服饰，但在中国古代服饰的演变中，最初的霞帔又是从何起源的呢？关于这个问题，相关的史料文献较少，沈从文先生曾在著作中以北朝墓出土的着帔子伎乐佣做例证解释晋代帔子的形象，以此印证了霞帔的前身，帔子这一服饰始于魏晋南北朝时期。

又有《二仪实录》“晋永嘉中制绛晕帔子，开元中，王妃以下通服之”的记载。[①]这时的帔子形状其实有些类似现在的围巾，一整条矩形的布帛披挂在肩部，在衣领前相交自然下垂之态。西安草场坡出土的北朝彩绘女佣可以看出此时帔子的大体形制，是由一条布帛围挂在颈肩处。

①沈从文：《中国古代服饰研究》，商务印书馆，2011，第279页。

隋唐时期，最初的帔子开始逐渐演变为披帛，佩戴在身上的位置和方式也发生改变，晋代的帔挂于颈肩部，隋唐时下落到双臂前搭挂，可在半臂、袖衫上相饰以各种花色的披帛。观察后世的艺术作品，如敦煌壁画中女供养人出现的诸多场合中，可以了解到披帛的具体形制。白居易的《霓裳羽衣舞歌》对杨贵妃和宫廷舞姬华贵的穿着描写中就有“虹裳霞帔步摇冠，钿璎累累佩珊珊”之句。舞姬的舞姿轻盈，身穿彩如虹的裙子、戴流霞之披肩，头戴插有步摇的花冠，钿璎累累，玉佩珊珊。这句诗也多被用来形容女子出阁时着凤冠霞帔走路摇曳生姿、风韵无限之态。同时，也有学者认为作为壁画中佛教人物和世俗人物都具有的配饰，披帛与佛人身上的物件有一定联系，就造型而言，与印度佛像“横腰络腋 ，横巾右袒”的形式极其相似。[②]唐代作为佛教传入中国的成熟期，人们对于菩萨的信奉越发强烈，唐代织物在工艺上有极高的成就。唐代披

②邹婧、谷芳：《管窥佛教艺术在唐代女子服饰中的表现》，《湖南工业大学学报》2009年第4期，第21页。

帛更具有轻盈、飘逸之态，且花色和装饰手法形式多样。

宋代是霞帔“身份”转变的关键期，即“凤冠霞帔”一起并入服饰制度中成为命妇礼服。这时的帔饰其形制分为霞帔和直帔两种，其形式上的分化必然会导致在社会功能上的象征意义的区别。据宋代高承编纂的《事物纪原》中记载：“今代帔有两等：霞帔，非恩施不得服，为妇人之命服，而直帔通用于民间也。”不难看出，此时的帔饰成为皇上恩赐才能使用的命妇礼服，与之前单纯作为服饰品的帔饰相较，更多了一重礼制的限制，即平民只能使用直帔，命妇所用的霞帔在图案纹样上有明确的要求，这使得带有荣誉象征的霞帔同时兼具强有力的政治约束力，体现服饰等级自上而下的规范特性。帔饰从最初的帔子，发展至唐代摇曳轻飘飘的披帛，最终在宋代列入服制成为礼服专用的霞帔，这一路的传承沿袭终于使其完成了华丽的“身份转变”。

到了明清时期，霞帔的使用非常普遍。在《明会典》中有记载：“霞帔二条，各长五尺七寸，阔三寸二分，绣禽七，随品级用，前四、后三各绣。临末左右取尖长二寸七分。前后分垂，横缀青罗襻子，牵联并之。前垂三尺三寸五分，尖缀坠子一，后垂二尺三寸五分，临末插兜子内藏之。”这对其具体的形制作了详细的说明，也表示霞帔在用色和图案纹饰上都有明确的规定，如一、二品命妇霞帔为蹙金绣云霞翟纹，三、四品为金绣云霞孔雀纹，五品绣云霞鸳鸯纹，六、七品绣云霞练雀纹。值得注意的是，虽然所用纹样可区分等级，但其中的翟、孔雀、鸳鸯、练雀这类鸟纹样大多都有代表祥瑞的美好寓意。足以说明霞帔虽在政治伦理的要求下划分等级，但在其设计的构思上又体现人们祈求幸福和美好的情感诉求。明代宁靖王夫人吴氏墓中出土的压金彩绣云霞凤纹霞帔（图 4-5）藏于江西省博物馆，形制长而窄，据发掘报告中描述，此霞帔由两条宽

图 4-5 云霞凤纹霞帔手绘图

为 13 厘米、长 245 厘米的罗带制成，内侧有一个扣袢。罗带前后两段都绣有凤鸟纹及五彩云纹，据考证，吴氏所用的压金绣云霞凤纹霞帔超过了其身份的使用范围，但由此我们可以了解明代命妇霞帔的形制。

发展至清代，霞帔形制整个幅宽加宽，相较于明代时窄长的形制，此时的霞帔形制是左右两段合并，有些形似背心的款式。前胸后背相连接且各自有补子，底部的装饰由原来有具有分量的金玉坠子变成彩色流苏，这也是因为上部分背心稳固即无须底部以有重量的饰品来固定；其式样纹饰随品级高低而有区别，类似百官的补服。补子所绣样案图纹一般都随夫或者随子的品级而定，但武官的母、妻不用兽纹而用鸟纹。按《大清会典》规定，清代文官用飞禽图案、武官用走兽图案缀于补服前后。清光绪中叶汉族命妇补子皆改方补为圆补。清代命妇霞帔形制受到清代所流行的罩衫和马甲之类的服饰的影响，这时的霞帔已经可以称作一件完整的无袖且缀有补子的服装，更加便于穿着。文物专家孙机先生也曾经指出：清代的霞帔虽有霞帔之名，实际是“一件带方补子，下沿缝满穗子的绣花坎肩”。其补子形制也与官员所用补子大抵相同。可以说，霞帔的演变经由最初的帔饰在后代的更迭中得到了延续的发展，逐渐成为命妇礼服，其担当的责任愈来愈大，由作装饰的服饰品成为一种身份品级尊卑有别的标识。又成为婚仪服饰的一个重要部分，在婚俗文化中大放异彩。

另外，霞帔的构造部件中还有一个值得注意的部分，祈愿功能明显的霞帔下摆金玉坠子。这种类似水滴形的坠子中镂空部分的图案设计多是凤纹形，湖北钟祥发掘的明代梁庄王墓中出土的金镂空凤纹坠（图 4-6）为亲王王妃帔坠，桃形，中空，尖端衔一钩，器体两面均为镂空的凤纹，凤展翅翱翔于云间。[1]由此可以看出，坠子的制作是否精巧、所用材料是否名贵都是对佩戴者身份的反映，这其中包含着一种特殊的社会认同功能。而凤纹更是寓意美满幸福，寄托着妇女们祈求婚姻幸福的殷切希望。

图 4-6 金镂空凤纹坠

总的来说，凤冠霞帔原本属宫廷妇女的专属装扮，因法制礼规矩约束成了朝廷命妇的礼服，本是上层社会的服制

①于长英：《明代藩王命妇霞帔、坠子的探索》，《南方文物》2008 年第 1 期，第 90 页。

却在民间婚仪服饰中大放异彩。“一日命妇”的特权使得女性在一生中最重要的日子里收获吉祥喜庆和幸福。

第三节　凤纹婚仪服饰撷萃

服饰产生于人类社会活动且贯穿于人类文明的各个阶段。在人生每一次起承转换的节点上，服饰不仅是人们进行某种社会角色转换的工具，更承载着人世间各色纷繁的感情。换句话说，服饰与人密不可分。而在人生“终身大事”的婚礼上，婚服的选择显得尤为重要。“以凤喻情”在婚姻爱情中象征的幸福美满得到了最完美的印证，凤凰见证了坚贞不渝的爱情，也曾经依附于喜庆的婚俗器物中，最终在婚服上功德圆满大放异彩。古人创造了凤凰的意象，也会依据自身的生活状态来想象营造凤凰的形象，在婚礼仪式中借助“凤凰”以求得神灵庇佑。本节撷取部分经典出土文物或私家收藏资料，对凤纹婚仪服饰进行详细分析。

一、明代定陵凤纹婚服

明代妇女的服装在形制上可谓上取周汉，下采唐宋，并在一定程度上加以创新，从而形成这一时期女性服饰集大成者，是中国古典女性形象的典范。其中，凤冠霞帔由贵族女性服饰演变为民间婚嫁专用，冠服的细化与创新是这一时期的特色。而民间妇女的一般装束为襦裙或者衫裙，上衣是齐腰的短衫，总体上是衣短裙长、衣长裙阔的特征。[①]另外，褙子、比甲也是这一时期内较有特色的服饰。明代具体的婚服形制为凤冠霞帔和真红对襟大袖衫的组合，大红色的婚服和大袖衫的修身效果使得新娘庄重、典雅，喜庆之意极其浓郁。

得益于明代戏曲小说的发展，我们常常在文学作品中了解

①冯泽民，刘海清编著：《中西服装发展史》，中国纺织出版社，2015，第114-116页。

民间婚服的形制。明末冯梦龙编纂的《醒世恒言》中有一篇《张廷秀逃生救父》，里面写到“花烛之下，乌纱绛袍，凤冠霞帔，好不气象”，这一幕就是对婚礼仪式场景的描写，新娘的凤冠霞帔和新郎的乌纱绛袍相得益彰，十分气派。《醒世姻缘传》中有“公服乘马，簪花披红，童寄姐穿着大红纻丝麒麟通袖袍，素光银带，盖着文王百子锦袱……”的相关的描写。明代男性不论官级都可以在娶亲这一天戴乌纱帽着青绿色的九品官服。又因为士大夫阶层的兴起，婚嫁中出现了相关的词语，如男子婚娶称为“小登科”；而新娘则要穿戴大红色的九品命妇礼服。“红男绿女”的模式在这时候转换成为“男绿女红”。洪武三年，礼部官员持“服色五德说”，持“明以火德王天下，应尚赤”的观点，因此对婚服尚赤有影响。女性婚服的色彩发展至明代，极其喜庆隆重的大红色终于登场，成为日后中式嫁衣的标志性色彩。至此，新娘整体的服装呈现出大红色调：凤冠霞帔和大红色对襟大袖衫的组合称为国人心目中华夏婚服的代表。

关于红色对襟大袖衫的具体形制，从定陵出土的明代孝靖皇后大婚时所穿的“红纱罗地平金彩绣百子金龙花卉女夹衣”可以得到考证。这件礼服在配色和图案构成上独具心意，织金和刺绣的技艺精美，整体布局不仅美观，更是寓意夫妻婚姻美满、子嗣繁盛。除了百子形象，明代婚服以及婚庆饰品也包含大量的动、植物图案，其内容丰富，构图形式多样，表达了人们对婚姻的祝福以及对即将开始的新生活的向往和祈祷。动物题材的运用有双鱼戏水、双喜鸳鸯、彩蝶并飞、凤戏牡丹、鸾凤和鸣、丹凤朝阳等。[①]这些寓意吉祥的纹样运用在婚服上，无不包含着对新婚夫妇的祝福，祝颂双方喜结连理、婚姻美满、白头到老。

综上所述，凤冠霞帔在服饰礼仪制度中是一种特殊的印

①徐蓉：《明代婚礼服的审美特征研究》，《新美术》2016 年第 1 期，第 109 页。

记，这表明服制虽严但此种形式的婚服在民间仍大受追捧，这其中所寄托了人们对于婚姻和家庭的价值观，具有一定的进步意义。

二、清代龙凤纹婚服袍

清代婚服相较于前朝又有了很大的改观。满族统治者入关后，对承继千年的上衣下裳制进行全面废除，转而推崇本民族的窄身式袍服。这一服饰改革无疑给清代婚服的形制带来了巨大的冲击。其中“十从十不从”原则中就有“男从女不从，仕宦从而婚姻不从”，这使满汉两族女性服饰在两百余年中并存，这一时期内满汉两族保持着各自的婚服特点，并且相互融合与影响。

这一时期，满族女性服饰主要是袍服，衣长可掩足，立领右衽，衣身宽大。坎肩、马褂是主要的服饰形制；而汉族女性服饰形制相对丰富，上袄下裙。裙的种类众多，如月华裙、百褶裙、马面裙、凤尾裙等。相比之下，从功能上来说，一件满族女性的袍服相当于汉族女性的袄、裙、裤等多件服饰。而在文化交融的过程中，汉族妇女将满族服饰中的旗袍进行改进，形成新的旗袍形制。

在漫长的时代发展中，凤从最初的图腾崇拜，转而演变为祖先崇拜、政治祥瑞的符号。在古代哲学的范畴中，即在阴阳观的影响下，凤的性别从而发生转变。从自然属性的角度来说，凤为雄，凰为雌。凤凰象征婚姻爱情美满也是基于阴阳调和的观念发展而来的，正是因为凤凰最初因其自然属性而有“鸾凤飞舞”纹样的设计，长时间的演变后，龙是帝王的象征，凤作为附属，其性别属性逐渐归属于女性，自然而然就产生了“龙凤双喜”纹样的转变。这种特殊的“喜相逢”纹样彰显了服饰在结构上的统一性，也极具喜结连理的喜庆之气。

图 4-7 大红色绸绣金万字地八团彩云蝠鹤龙凤双喜棉龙袍

女性婚服基本上还是对自宋明以来的凤冠霞帔的承继，也呈现出一些改良的特点。首先，关于皇后的婚服，故宫博物院馆藏一套弥足珍贵的皇后大婚吉服，即光绪皇后所穿戴的大红色绸绣金万字地八团彩云蝠鹤龙凤双喜棉龙袍（图 4-7），又称为龙凤同合袍。据相关文献记载为：圆领，大襟右衽，马蹄袖，裾左右开，缀金质莲蓬扣五枚。明黄色素纺丝绸为里，大红色绸为面料，在两肩、前后胸和前后下摆绣有金龙凤同合纹八团，列十二章，通身遍饰有红双喜、团金万寿字、红蝙蝠、仙鹤、五谷丰登等吉祥纹样，寓意夫妻和谐，幸福长寿。[①]这里皇后的婚服虽是取满族窄身袍服的样式，但其图案依然是选用承载中华民族深刻文化内涵的凤鸟纹样，再以这一时期独特的审美和多样的工艺手法将传统纹样演绎得美轮美奂，在一定

①严勇，房宏俊主编：《天朝衣冠：故宫博物院藏清代宫廷服饰精品展》，紫禁城出版社，2008，第 67 页。

程度上也符合时代的发展和统一的主题。

关于汉族平民女子的婚服，从这一时期的小说和文集中可以找到一些依据。清代小说家吴趼人创作的《二十年目睹之怪现状》中有婚庆事宜的相关记载："择了吉日迎娶，一般的鼓乐彩舆，凤冠霞帔，花烛拜堂，成了好事。"新婚的新娘礼服是要佩戴凤冠和霞帔，若没有佩戴此装束会被认为不吉利或者被认为不是"嫡妻"。[①]

①汪柯妤：《从明清婚礼服饰看中国的礼仪文化》，《魅力中国》2003年第3期，第290页。

研究清代社会历史极具参考价值的《清稗类钞》也可作一个参考，其中相关的记载有："凤冠为古时妇人至尊贵之首饰……明时，皇妃常服，花钗凤冠。其平民嫁女，亦有假用凤冠者……所谓凤冠霞帔，于典制实无明文也。"从中可以看出，并没有明文规定平民使用凤冠霞帔的限制；又有"国朝，汉族尚沿用之，无论品官士庶，其子弟结婚时，新妇必用凤冠霞帔"的记载，然而，这时的"凤冠霞帔"可以说是一种在式样上完全变形的婚服，与宋明以来的形制截然不同。总的来说，"凤冠"延续了明代翟冠传统，"霞帔"由一条披帛变成了一件褂子，一般是绣花的袄裙，大红色或者青色；下裙一般是大红色的凤尾裙、红喜裙等满汉融合的服饰。

三、近代汉族凤纹婚服

到了封建政权末期，民间汉族女性婚服主要是红袄红裙、云肩、凤冠霞帔等形制，凤纹仍然是传统婚服中的重要纹样。由于清代汉族女子裙类服饰品种丰富，其中的凤尾裙不仅在民间盛行，婚嫁服饰中也属于红喜裙的一种，这种凤尾裙的流行一直延续到民国。中国丝绸博物馆馆藏的民国时期的大红缎彩绣凤采牡丹裙，以大红素缎为缎地，马面的部分彩绣凤采牡丹纹样。针法主要为平针，并以绢做衬，又在腰头缝以白布，这种制法讲究的就是从裙腰开始就将吉祥的寓意寄托其中，且白布喻意着“白头偕老”。

北京服装学院民族服饰博物馆藏的墨青缎平金银迭绣龙凤纹对襟窄袖女嫁衣。采用汉族女子袄裙式样，上衣为黑色缎面袄，衣身正面和背面均用平金和蹙金绣法描绘出龙凤戏珠画面，凤在上龙在下，周围配以鸳鸯戏水、满天彩云和花卉，整体上看来气势恢宏，庄严肃穆。下裙一般搭配马面长裙，裙面会绣上龙凤戏珠、凤穿牡丹图案。从颜色上看，黑红搭配使婚服在严肃中透露出喜庆和活泼之感，是几千年来婚服色彩的缩影。从图案上看，龙凤戏珠、凤穿牡丹、鸳鸯戏水等寄托着双方父母对新婚夫妇的期盼和祝福。

由于满汉服饰相互交融，两者服饰间的差别逐渐减小，旗袍作为满汉融合的产物，在此阶段十分盛行，民国时期成为女性婚服的代表之一。辛亥革命之后，西方文明逐渐传入中国，文明婚礼开始兴起，其婚仪服饰也随之呈现中西合璧的姿态，主要有两种形制：一是在传统的婚礼服中搭配西式头纱，如在旗袍上、上袄下裙套装中搭配西式头纱；二是西式礼服元素融入传统婚服中，如翻领结构的应用。而“全盘西化”的西式婚纱则是在20世纪20年代发生转化的，其中，最具代表的是1927年蒋介石与宋庆龄的婚礼，因此掀起了一场热烈的白色婚纱浪潮，女性纷纷开始效仿，这也标志着我国婚仪服饰进入新的阶段。[①]

①邓雅：《探究我国汉族女性婚礼服的演变和创新》，江南大学硕士学位论文，2008，第28页。

四、婚用凤纹云肩

民间还有一个服饰品在婚嫁时也很是常用，这便是用于婚仪服饰中肩部所饰的云肩。《清稗类钞》中有做相关的解释：“云肩，妇女蔽诸肩际以为饰者。元之舞女始用之，明则以为妇人礼服之饰。本朝汉族新妇婚时亦用之。”由此可以看出，这时候云肩开始成为汉族婚服中不可或缺的部分，在清代十分流行。

云肩的种类很多，非常具有装饰特点，其形状类似如意；云肩所用纹样的选取不仅要符合视觉感官上的美感，更蕴含吉祥含义。蝴蝶与花组成的“蝶恋花”纹样喻示生活幸福、姻缘美满；由盘长结演变而来的盘长纹则象征着好事连连。儒家美学强调美与善的统一，云肩以物比德的特点便很好地体现了这一点。[①]其中，象征两性爱情的“凤穿牡丹”的纹样云肩常被用来构筑文化内涵。一般来说，皇室贵族女性所饰的云肩极其奢华，工艺也繁琐，讲求精益求精，而民间平民阶层女性所用的则相对朴素很多。民国时期的云肩是女子出嫁所用。这一时期有一件双层打籽五彩绣四合如意云肩，由上下两层结构组成，上部分是红缎地的花形围领，下层部分是如意云头。这件作品的出彩之处在于四片如意云头上纹样是四个不同的主题，有凤戏牡丹（图 4-8）、连生贵子、蝶恋花、坐帐婚俗。这件云肩

①李海冰，胡枫：《浅析儒家美学对云肩艺术的影响》，《美术教育研究》2018 年第 2 期，第 36 页。

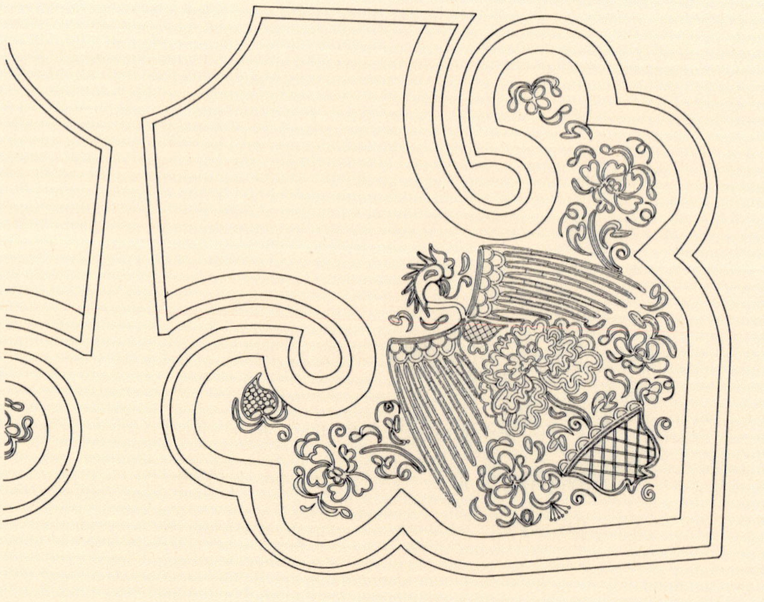

图 4-8 双层打籽五彩绣四合如意云肩局部手绘图

融合了四种吉祥主题的纹样，使得吉祥意头得以加倍体现：在绣法上运用的打籽、平针、盘金绣的技法，在下部分的如意云头上还运用了网绣、缠丝的手法；整体吉祥纹样的使用将男女合欢、夫妻恩爱的主题呈现，具有独特的艺术魅力。

五、凤纹婚帕

方帕为婚礼所用喜帕，在大红色缎地上绣出“凤穿牡丹”团花纹，这种构图形式为典型的“喜相逢”。喜相逢图式可以追溯到阴阳图式，在婚帕上用此图式又有阴阳相合、鱼水和谐的寓意，象征夫妻恩爱和睦，凤和牡丹的加入不仅加强了情感提示，又增添了吉祥富贵的祝福意味。需要注意的是，这种婚帕原本用来遮盖喜盆，新娘还可以将其一角折起，两边缝缀绳带，当作贴身肚兜穿用，体现了农业社会中物尽其用的设计理念。

六、凤纹婚鞋

在婚仪服饰中，婚鞋也是一个重要的服饰品，有些地区也称喜鞋。因“鞋”与“谐”同音，寓意“谐同到老”，故而婚鞋也是新婚夫妇两情相谐、美满和合的象征。张云璈《四寸学》卷一中记载：“今俗新婚之夕，取新妇鞋，以帕包裹，夫妇交递之，名曰‘和谐’。”一般婚鞋的在鞋面上所绣纹样为“凤戏牡丹”“龙凤双喜”等喜庆吉祥的纹样。

1986年6月至8月，内蒙古自治区文物考古研究所等发掘了陈国公主驸马合葬墓中就有令人惊叹的鎏金凤纹银靴。作为典型的辽中期契丹贵族合葬墓，这是目前发现保存最完整，且出土文物最为丰富的契丹贵族墓葬。合葬墓出土的公主与驸马的靴形在形制上类似，整体皆呈靴面上宽下窄的形制。公主靴的靴靿两侧各錾刻两只飞凤，呈展翅上飞的姿态，长尾下垂，线条的刻画柔媚娴熟，周边饰有变形的云纹；靴面各饰有一长凤尾，周边也饰有卷云纹。驸马靴的靴靿两侧也各錾刻飞凤，围绕飞凤的周围还饰有四朵如意卷云纹样。[①]如此精美的装饰纹样与豪华奢侈的银靴相得益彰，因公主与驸马夫妻合葬墓中两人银靴上都有凤纹装饰，从“寄情于物”的角度上来看，凤纹在靴子上的装饰应该带有凤凰象征夫妻和睦、爱情美满的深刻含义。这也从侧面反映出凤在婚姻爱情中的“喻情”性质，由此可以推测，在古代婚仪服饰中的足服也很有可能会带有凤纹装饰。

①刘佳丽：《从陈国公主驸马合葬墓出土文物看辽代艺术设计的风貌》，苏州大学硕士学位论文，2011，第20页。

纵观古代女性婚服的发展史，不难看出“凤”作为中国传统文化中代表吉祥幸福的符号在婚服中占据不可替代的神圣地位。从原始的图腾崇拜到文化象征的演变，历经千年的沉淀与发展，传递的深刻内涵在我国文化传承中焕发出新的生命力。世间本无凤，人们为了满足自己心理上的归属感和文化上的认同感，凤便被赋予了众多意蕴。就当代社会而言，如何将传统的“凤”元素更合时宜的运用在现代的婚服设计之中，使古老的文化意蕴永续传承，还需要我们更进一步的研究和创新设计。

第五章

凤与少数民族服饰

我国地缘辽阔，民族众多。各民族在不同的历史发展过程中形成了各具特色的民族性格、语言、习俗和艺术文化。服饰作为人类物质文明和精神文明的主要载体，能够直观而鲜活地记录民族历史文化。对某些少数民族而言，其服饰文化和生活习俗大多与始祖或图腾崇拜相关，时至今日，这些少数民族的服饰文化虽然遭受现代服饰文化的冲击，但在重大节庆礼仪时刻，人们仍然选择穿着本民族的传统服饰，借以强化其族群归属，构建身份认同，重温祖先对后人的恩沐与祝福。

第一节　凤与畲族服饰

畲族是我国一个古老的民族，自称“山哈”，畲语意为居住在山里的客人，主要分布在福建、浙江、江西、广东、安徽五省山区，以福建、浙江两省为最多，有着悠久的历史和丰厚的文化底蕴。

畲族古称“畬民”或“畲民”，其民族起源有多说。目前，学界存在以下几种族源学说：东夷说、武陵说、古越族说等。

一、畲族服饰凤鸟形象历史文化渊源

世代相传的畲族神话传说中，其祖先是盘瓠王，在畲族保存的《开山公据》中，可以看到原始图腾盘瓠传说。对此，汉晋史籍多有记载，如东汉应劭的《风俗通义》，晋人《搜神记》、南朝宋人范晔的《后汉书·南蛮列传》等。《搜神记》记载："高辛氏，有老妇人，居于王宫，得耳疾历时，医为挑治，出顶虫，大如茧。妇人去后，置以瓠蓠，覆之以盘，俄尔顶虫乃化为犬，其文五色，因名盘瓠，遂畜之……盘瓠死后，自相配偶，因为夫妇。织绩木皮，染以草实。好五色衣服，裁制皆有尾形，后母归，以语王，王遣使迎诸男女，天不复雨。衣服褊裢，言语侏㒧，饮食蹲踞，好山恶都。"又有传说认为，盘瓠本是老妇人耳中怪虫变化而来的五彩犬，也有传说将老妇人转换为帝喾高辛之妻刘皇后，盘瓠王是天界娄金狗下界托生为金虫，后变化为五彩犬。在犬戎部落来犯的时候，盘瓠杀死对方首领立功，帝喾高辛便将三公主赐给他为妻。此后，他们归隐南山，生三子一女，长子姓盘，名自能，次子姓蓝，名光辉，三子姓雷，名巨祐，女儿嫁给钟智深，因此畲族有"盘、蓝（兰）、雷、钟"四大姓氏，尊崇盘瓠和三公主为共同祖先。

笔者认为，无论是从民族学、人类学进行的历史考察，还是从神话传说方面进行考察，畲族的起源和图腾信仰是多源的。除了盘瓠是全体畲族共同认同的始祖外，凤鸟也是他们认同的图腾形象之一。从东夷说来看，汉族和畲族在最初有共同的祖先。在神话传说中，来自东夷族的三公主下嫁盘瓠王，而高辛氏是天帝和玄鸟的化身，所谓"天命玄鸟，降而生商"讲的就是帝喾高辛的妃子简狄吞食玄鸟卵之后生下祖契的故事。据传说，三公主成婚时，刘皇后给女儿戴上了凤冠，穿上了镶着珠宝的凤衣，打扮得喜庆非凡，希望婚后生活平安、幸福、吉祥如意，也可以说是为了提醒三公主不要忘记本族身份和信仰。三公主有了女儿后，也把女儿打扮得像凤凰一样。女儿成婚时，凤凰从凤凰山衔来凤凰装给她做嫁衣。由此，畲族人民便将凤凰作为本族另一个图腾形象，女性成婚时，必须穿上凤凰装，象征着三公主的祝福和嘱托。

凤凰，本是中华民族传统文化中至圣至美、吉祥和美的化身，与龙一起，被视为汉族的象征和图腾。在长期的畲汉文化交融的过程中，“犬”形象在汉文化中处于被鄙视的位置，使得“狗头人身”的盘瓠形象受到一定程度的冲击，在畲族的祖图、族谱、祖杖、服饰等方面，其形象逐渐表现为龙犬、鱼龙、龙、麒麟等，逐渐向汉族图腾形象靠拢。与汉文化相契合的凤凰意象则因其高贵吉祥的寓意而得到重视，从而不断发展，最终全方位地融入畲族人民生活的各个层面，成为凝聚族群归属和认同的另一个象征符号，并且被畲族的知识分子写入历史记忆当中，以谱牒和神话传说的形式代代相传。另一种说法是，畲族认定广东凤凰山是本族的发祥地，畲族先祖是自凤凰山迁移至现今的各处居住地的，故对凤凰山的崇拜也是各地畲族中普遍存在凤凰崇拜的主要原因之一。[①]在闽浙地区的畲族村庄中，我们随处可见白色外墙上绘制着盘瓠之妻三公主化身为彩凤，或者显示本族来源于“凤凰山”的凤凰图案，并上书“凤凰到此”的字样。而在畲族女子服饰生活中，凤凰形象和图腾信仰贯穿着服饰的形制、色彩和图案，因此，她们的传统民族服饰被称为“凤凰装”。

①陈敬玉：《浙闽地区畲族服饰比较研究》，中国社会科学出版社，2016，第33页。

二、畲族凤凰装

在氏族社会时期，族民供奉某个动物或植物为图腾，自然期望得到图腾的保护和关心。在某些特别重要的情况下，族民会身着兽皮，或在身体上纹上图腾图案，或以其他什么方式，使自己在外表上与图腾相似，强调自己与图腾间的亲属关系。这种与图腾的认同在出生礼、成人礼及葬礼等场合的一言一行中得以实现。[①]畲族将凤凰和龙犬视为祖先和图腾，在服饰生活中，对二者的崇拜和尊敬便直观形象地表现出来。

畲族最具特色的服装是凤凰装，完整的凤凰装包括五个部分：凤冠凤髻、凤衣（花边衫）、凤围腰（拦腰）、凤带（彩带）和凤鞋（花鞋）。陈敬玉对浙闽两地畲族女子服饰进行田野考察后，将其分为景宁、福安、罗源、霞浦和福鼎五种式样，这五种式样服饰目前穿着人数最多、覆盖地域最广，具有一定的典型性。[②]从中可看出，畲族妇女服饰中对三公主的纪念，对凤凰、龙犬的崇拜仍未消失，反而以冠饰、发型、服装图案等方式传承到今天。

（一）凤冠和凤髻

冠和髻是两个装饰领域，冠是独立于发髻之外，一般而言，发髻成型后，才将冠置于头上，用珠串、发簪等固定在发髻之上。发髻一般是由布帛、绒绳、假发等物品与本身发丝或填充，或缠绕，形成一定的造型。

在畲族女性的人生历程中，发髻的造型和头上戴的冠起着重要的角色标识作用。在闽浙地区，畲族未婚女子一般以红绳扎系发辫。在结婚、节日、做客等重要场合，畲族女性会穿戴凤凰装，凤冠是构成凤凰装中最重要的服饰品。但是，畲族女子所戴之冠应称为“凤冠”还是“狗头冠”，学界和民间说法不尽相同。在早期文献记载中，畲族“妇以蓝布裹发，或戴冠状如狗头”。因为他们的祖先盘瓠为犬，故为了纪念其祖先，仿照其样貌，其冠戴被称为“狗头冠”。还有一种说法，认为凤冠源自盘瓠的花冠，在《高皇歌》中记载：“金龙田土自不管，一心闾山学法来，学得真法来传祖，头上头角花冠戴。当初天下精怪多，茅山学法转来做，得救王民个个好，行兵动法

①弗洛伊德：《图腾与禁忌》，车文博主编：《弗洛伊德文集》，九州出版社，2014，第102-103页。

②陈敬玉：《浙闽地区畲族服饰比较研究》，中国社会科学出版社，2016，第66页。

斩邪魔。”这里的金龙即盘瓠，他学法后戴在头上的花冠能增强其法力，助其降服妖魔鬼怪。此后，金龙子孙便仿效学习。另一方面，随着汉、畲文化交融，汉文化中对犬类的鄙视以及对凤凰的喜爱使得狗头冠的称呼弱化，畲族妇女的头冠被美化为“凤冠”。传说刘皇后在女儿三公主出嫁时特意赐给她凤冠，作为护身之物保佑她永远吉祥如意。三公主也是畲族人民的祖先，她的形象逐渐与美丽的凤凰、畲族发源地凤凰山融合在一起，成为畲族人民崇拜的对象。在浙江地区，已婚的畲族女性会戴上凤冠，而在福建地区，已婚女子则梳着凤凰髻，用这种方式表明自己是盘瓠和三公主的子孙。

由于地方服饰生活的差异，不同地区的畲族凤冠样式、装饰细节、复杂程度略有不同。一个完整的凤冠大致可以分为黑色缠头纱、凤箍和抓头三个主要部分，主要以银饰制成。椎髻高钗是模仿凤头；缀在凤冠银链上的银片，形如翎羽，应是模仿凤羽；而盘垂的瓷珠，叮咚作响，宛如凤鸣。[1]在浙江景宁畲族博物馆里，保存有景宁的雄冠式凤冠，丽水和云和地区的雌冠式凤冠。雄凤冠冠头较高，雌凤冠冠头相对低矮，凤身较为扁平，并排装饰一排珠串或在额前悬垂若干银链，银链末端连缀银牌。

①吴微微、罗晟华：《浙江畲族凤冠凤纹及其凤凰文化探讨》，《浙江理工大学学报》2008年第1期，第50页。

雄凤冠分为头、身、尾三个部分，头部用黑色缠头纱装饰而成，身体由三角形镶嵌刻花银片装饰而成凤箍，后面高高挑起的部分被称为凤尾，耳朵两侧垂下用绿豆大小的串珠装饰，末端缀上几片鹅掌形银片，象征凤脚。在新婚时佩戴凤冠，凤身的银片上会刻上一对小人，男左女右，男性象征太公（帝喾高辛），女性象征太婆（高辛皇后）。在畲族历史记忆中，“太婆”和“新娘”通常被认为是凤凰的化身，因此，畲族已婚妇女地位相对较高。

罗源地区的凤冠又称“罗岗式”，学界认为它最具犬图腾象征性，因此也被称为“狗头冠”。现存有一顶民国罗岗式凤冠前高后低，头部尖尖，与狗头十分相似。“罗岗式”凤冠的具体做法是将银箔包裹竹筒放在头顶上，竹筒外用红布包裹，竹筒前端用蓝色玻璃珠串连接到冠尾部分，冠尾用方形红布包裹，象征凤尾。头部左前侧用银笄斜插在头顶，下坠红色璎珞。笔者认为，凤凰崇拜与犬图腾是有先后顺序的，前者应是后者的衍生品，后又相互交织融合，共同成为畲族人民的祖先崇拜对象。因此，在畲族女子服饰中，凤凰崇拜和犬图腾的印记有模糊重叠的地方，正如这高耸的凤冠，时而像犬，时而像凤。

在闽浙地区，畲族女子日常生活中常戴凤冠，而凤冠之下的发型较为简单，只是将头发盘于脑后成髻即可。在福建等地，畲族女性往往在重大节庆活动中佩戴装饰华丽的凤冠，在日常生活中，则用红绳或蓝绳混合假发，将头发盘成凤凰髻的形状，但发式因地域不同而有差别，尤其是婚嫁与否在发式上的差异较为明显。

流行于福州、古田、连江、罗源和宁德南路飞鸾一带的“凤头髻”最为高耸夸张，往往将头发从后面梳成长筒式发髻，像一个鸡冠形的帽子扣在后脑勺上，发间用红绒线环束。还有的是在头顶上放一个五六厘米长的小竹筒，把头发绕在竹筒上梳成螺形，显得很别致。梳头时，不仅要用茶油和水抹，还要掺以假发，所以显得高大、蓬松而且光亮。福建顺昌的畲族女孩16岁就算成年，在发型上可以沿用成年妇女的装饰，以百余根铜簪或银簪组成扇形，并配以红绳、料珠，被称为“扇形髻”。除此之外，流行于福安和宁德大部分区域的发式称为“凤身髻”，流行于福鼎和霞浦西路发式称为“凤尾式”。闽南、闽西的畲族妇女发式被称为“龙船髻”，不一而足。

（二）凤衣（花边衫）

传统凤凰装中的凤衣又称“花边衫”，其原料是由畲族女性亲手制作出来的，主要有三种材料制成：最为普遍的是用自己种植的苎麻纺织而成的麻织凤衣；第二种是用自己种植的棉花纺织而成的棉布凤衣；第三种是用自己精心喂养的桑蚕丝制成的丝绸凤衣。苎麻类凤衣多为山区贫穷百姓使用，棉布凤衣则是中等经济条件的百姓使用，而做工精细、价格高昂的丝绸凤衣则专门供给达官贵人使用。

畲族凤衣主体颜色为青蓝色或黑色，这源于畲族分布地区的自然资源条件和生活习俗。“青，出于蓝而胜于蓝。”这里的“青”是指青色，“蓝”指的是制取靛蓝的蓝草。明清时期开始，畲族地区开始普遍种植蓝草，染蓝技术也日益进步，用靛蓝染布，色彩鲜艳，经久不褪。同时，长期从事劳作的畲民喜爱青蓝色或蓝黑色的服装，经久耐脏。

畲族凤衣的样式多为右衽圆领大襟衫，窄衣小袖，领座较低，一字襟，腋下侧缝多用红色系带。衣的领子边缘和大襟边缘一般都有装饰，较为特色的是，腋下大襟处用一块四边形红布折成三角形进行装饰，据说这块不规则的边角象征着帝喾高辛将三公主赐给盘瓠时加盖的金印一角。讲究的畲族女子会在这块三角形红布上绣以凤鸟花卉等图案进行装饰，在外侧转角的边缘用二方连续花草图案或犬牙纹装饰，象征着三公主与盘瓠的爱情与婚姻。大襟的镶边颜色用明度较高的互补色进行碰撞，显得热闹非凡，如大红、大绿、浅黄、玫红，每一层镶边之间又用白线镶绲进行分割，非常精致秀美。整体看来，黑色服装中加上精致的刺绣和镶边装饰，沉稳中透出活泼，一静一动，充满张力。同时，也与《后汉书》中记载盘瓠后代“好五色衣服”“衣裳斑斓”的描述相吻合。

畲族凤衣以蓝黑色为主色和底料，在边缘用镶绲和彩绣装饰，形成鲜明的色彩对比，体现了民族本身动荡迁徙过程中凝练而成的沉稳、朴实的性格。具体而言，福安式和景宁式比较朴素淡雅，罗源式最为花哨绚丽，霞浦式和福鼎式整体大方沉稳，细节精致华美。[①]《高皇歌》中曾经记载："罗源人女好个相，身着衫子花成行。"因此，罗源式上衣大多以黑色为底，在肩领部位、袖口和拦腰边缘，多镶拼花边。罗源未婚女青年往往头戴红色绒线圈装饰，服装上用大量粉红色为主的花边进行装饰，艳丽繁复。

①陈敬玉：《浙闽地区畲族服饰比较研究》，中国社会科学出版社，2016，第139页。

（三）凤围腰（拦腰）

拦腰，是畲族妇女服饰中不可缺少的重要组成部分，在福建被称为"合手巾"，在一些文献中称之为"围裙"。在凤凰装中，凤冠属于凤凰的头部，花边衫属于凤凰的身体，拦腰则被认为是凤凰的腹部，因此，本文称之为"凤围腰"。

不同地方的畲族上衣或冠髻因地域不同而有所差异，但在腰间均系有拦腰。畲族拦腰多用黑色或蓝色麻质材料制成，样式与围裙相仿，但更加小巧精致，腰头两端缀上畲族女子自己编织的彩带用以固定。从生殖崇拜角度来看，畲族拦腰具有较强的实用功能。在原始社会，先民为了繁衍子孙，维持部落生存，对生物界具有繁殖能力的生物表示赞美和向往。承担着生育的女性身体也是崇拜对象，具体的部位有生殖器、乳房和子宫。而畲族女性的拦腰，正好位于女性子宫位置，对后者具有一定的保护作用。劳动时，拦腰还可以用作采摘茶叶、瓜果等工具使用。后来，拦腰成为凤凰装中必不可少的装饰部件，不同地区的拦腰样式、质地、颜色也不尽相同。在福建，主要有霞浦式凤围腰和福鼎式凤围腰两种。霞浦式凤围腰裙身黑色，呈梯扇形，两侧有对称的折叠，每侧5—7条，每条宽0.7厘米、长5厘米，与裙身相等，折上有刺绣。两侧边缘，镶蓝色窄条。两侧和上方均镶红、黄、蓝、白、绿多种颜色相间的添条，排列成彩色边，紧靠彩色边外绣有图案。裙头蓝色，宽6.5厘米，两端系有白色素面棉线织带，宽4.5—6厘米，长约2米，呈须穗状。[1]拦腰上一般绣牡丹花、莲花、凤凰、菊花、喜鹊等图案，表现出对着装者生殖能力的祝福，拦腰周边用凤纹、犬牙纹、万字纹、柳条纹等进行装饰。

①李伟：《福建畲族“凤凰装”服饰符号的文化语义探析》，《兰州教育学院学报》2015年第10期，第44页。

（四）凤带（织带）

凤带，即畲族妇女的“拦腰带”，又有“合手巾带”（花腰带）、“织带”、“彩带”等称呼，在畲族女装中当作系带，主要用于固定拦腰，系好的织带带尾下垂，符合文献资料中关于盘瓠后代“制裁皆有尾形”的记载，具有强烈的族群认同功能，因此又称“凤带”。

凤带一般以蓝底为主，采用青、紫、蓝、白、红等几种颜色织成图案，对于畲族人来说，它能充当腰带、可以美化衣着，可以充当青年男女的定情信物。按照传统习俗，畲族男女定情之时，女方会赠给男方自己精心编织的凤带作为信物。畲族歌谣也唱：“受经彩带心想哥，横纱直线错头多，只吓爷娘来查问，谁讲头痛抛了梭。”“一条带子斑又斑，丝线拦边自己织，送给你郎缚身上，看到带子看到娘（姑娘自称）。”在传统的畲乡生活中，编织彩带是每一位畲族妇女从小就要学习的一项技能。在物资匮乏的年代，畲族姑娘编织一条彩带少则几天，多则数月，凤带精美与否代表着畲族女子是否心灵手巧。

另外，由于畲族人的语言有音无字，彩带图案的编织方法和技巧也没有文字的记载，仅靠一代代的畲族妇女口口相传。根据相关研究者的整理，畲族彩带的编织方法大致分成三种。第一种是织成会意图案，一个叉叉，表示太阳；一个菱形里面一点，表示妇女怀孕。第二种是写实的字符，如四世同堂、五谷丰登等甲骨文纹样。第三种是一些几何图案，三角形、菱形、直线等。

这些“意符文字”最初代表了较为原始的记录和祈福功能，在畲族人民不断迁徙过程中，他们的服饰文化不断与当地文化融合，但作为“活”的民族记忆和文化符号，畲族的凤带工艺被保存和传承下来，成为了解其民族文化和历史的主要工具。如今，畲族妇女的凤凰装已与传统样式有所出入，但大都保留着编织彩带的传统工艺。

（五）凤鞋（花鞋）

畲族女性花鞋又被称为“凤鞋”，其形制和装饰颇具特色，因地区不同而相异。在历史上，畲族男女一般“跣足而行”，也就是大多赤足行走。汉族女性裹脚，但畲族女性多不裹脚，在家里穿木屐，在山上劳作时打绑腿，穿自制草鞋，遇到婚庆节日或去亲朋家做客时，则穿自制的布鞋或花鞋，死后也会穿着花鞋入棺。

传统花鞋为圆口、黑布，鞋底是手工纳制的千层底或木底，鞋面上有突出的红色中脊，女鞋一般有 1 道中脊，男鞋有 2 道中脊。畲族花鞋一般用蓝色或黑色棉布制成，里布为白色棉布，鞋面不高，有的用红脊分割。鞋头为尖头形或方头形，微微上翘，犹如昂起的凤头。讲究的花鞋头上缀上璎珞或绒球，仿佛凤冠。如景宁花鞋鞋口还用红、白布进行镶绲，鞋面用贴片或红、黄、白、紫、绿等绣线绣成花卉、凤鸟等图案，显得活泼大方。（图 5-1）

图 5-1 浙江省博物馆景宁畲族花鞋手绘图

近现代以后，畲族人的日常鞋子一般与汉族相同，很少穿着传统花鞋，后者逐渐成为婚礼和丧葬时期的专用鞋。

畲族人民在迁徙过程中，积极吸收当地汉文化，汉族文化将凤视为美丽、吉祥的灵鸟，因此，各地畲族服饰虽有不同，但出于民族同源和祖先崇拜的缘故，凤图案是畲族服饰中出现频率较高的装饰图案。经过长期的历史变迁，畲族的特色服装以凤为名，形成形态各异的凤冠、五彩凤衣、兼具实用与装饰功能的拦腰、下垂的凤带和美丽的凤鞋五件套，通过冠髻的形制、色彩缤纷的刺绣、寓意深远的图案来表达畲族人民对祖先的崇拜。

第二节　凤与苗族服饰

苗族是我国少数民族之一，主要分布于贵州、湖南、云南、重庆、广西等南部地区。苗族人民曾有自己的民族文字，在长期民族迁徙和躲避战乱过程中，苗族的文字丢失，但口口相传的神话传说，流传下来的民俗文化、宗教信仰、图腾崇拜以及刺绣、织锦、蜡染、银饰制作等民族手工艺通过服饰传承至今。苗族服饰种类繁多，每种类型之下又分出若干亚类型。据调查，包括各支系的服饰在内，苗族服饰超过200余种，仅贵州省的苗族服饰类型就有100多种，其款式、花色变化多样。[①]学界对苗族服饰的研究很多，为了便于研究苗族，分别给他们以支系文化状态命名该支系族群，比如锦鸡苗（又名短裙苗）、长裙苗（又名黑苗）、白苗、青苗、长角苗、花苗、打铁苗等，但学界研究大多集中在苗族的经典纹样、色彩、服饰风俗上，很少探究凤与苗族服饰的关系，笔者试图作一探讨。

①朱晓萌：《从苗族银饰的构成艺术探究其内在价值》，天津工业大学硕士论文，2007，第5页。

一、苗族服饰中凤鸟形象的文化渊源

由于长期居于大山深处，苗族的生活条件相对落后，与外界交流困难，即使是同一个山区，也出现“三里不同风，十里

不同俗”的现象。但是，各地苗族具有共同的特点，便是信鬼好巫，习惯于祭祀，其巫鬼文化源远流长，对祖先和鬼神的崇拜十分普遍。历史上，苗族经历了无数变迁和融合，他们的图腾来源十分多样，有龙神、枫木、鸟、盘瓠等。

苗族服饰中的凤鸟形象源于他们对鸟的图腾崇拜。在苗族的神话中，乌鸦是具有智慧的鸟。据说，乌鸦是吃了天神的天书而变得无所不知无所不晓。因此，在苗族先民的精神世界中，乌鸦是沟通天地人神的使者，太阳是生命之源，为人类带来光明和生命。因此，乌鸦与太阳一起，成为崇拜的对象。在距今 7800 年前高庙稻作文化遗址中，出土了太阳与鸟的组合纹样，此文化遗址属于古苗蛮地域。研究者认为，这里的鸟应为凤鸟前身。笔者认为，此鸟可能是苗族先民心中的乌鸦。此后，来自中原的楚人南下，与土著苗蛮文化不断接触和融汇的过程中找到了相似的信仰。苗族先民对鸟的喜爱与楚人对凤的崇拜碰撞在一起，丰富了二者巫术信仰文化。楚人崇凤，时至今日仍有“九头鸟”的说法，九头鸟也就是九头凤，《山海经 · 大荒北经》中就有关于“九凤”的记载。

苗族古歌《枫木歌》记载蝴蝶妈妈从枫香树心里生出来后，和水泡交配产下 12 个蛋，“姬宇”鸟帮助蝴蝶妈妈从 12 个蛋中孵化出了姜央兄妹和雷、龙、虎、象、蛇及各种善恶鬼等。这样，蝴蝶妈妈不仅是人的始祖，也是神、兽、鬼等的始祖。因此，苗族称枫木为“道姆”或“道莽”。“道”为树，“姆”“莽”为“母”的变音，意为人类的“老外婆”。如今，苗族人习惯在大寨旁边栽种枫树，作为保护神。在苗族神话中，“姬宇”被认为是九头鸟，由枫树的枝干化身而成，也成为苗族最为古老的图腾。楚人服饰贵赤尚黑，五彩斑斓，色彩对比浓烈新奇，苗族服饰也有此特征。秦汉时期，西南地区的苗族被记载“衣裳斑斓”“好五色服”。

在黔东南地区凯里、黄平、麻江、雷山等苗族自称“嘎闹”，据研究是“鸟雀”的意思。他们是上古蚩尤部落中以鸟为图腾的氏族后裔。《山海经》也曾把伏羲、女娲列为南方苗民祖先，女娲也称“匏娲”或“瓠娲”，古代的“匏”就是葫芦。相传，自雷公与人类始祖姜央发生冲突后，雷公发大水淹没了大地，姜央的一对儿女相两和相芒躲在葫芦中幸免于难。大水消退后，葫芦被搁浅在高山绝壁之上，飞来一只岩鹰将兄妹俩背到平地。后来兄妹婚配，人类才得以繁衍生息。于是，岩鹰成为苗人的崇拜对象。还有另一则神话传说，龙女与钓鱼郎婚配的故事，他俩结婚后辛勤开垦、耕耘，家庭富裕殷实，并生育了儿子往留。后来这一家遭到邻居的嫉妒，邻居挑唆钓鱼郎使他对龙女产生误解。钓鱼郎逼龙女抛夫弃子，龙女回到了深潭龙宫。有一天，儿子往留独自一人在河边放牛，龙女变成一只美丽的水车鸟飞在往留的头顶，并告诉往留自己就是他的母亲，此后，水车鸟天天陪伴往留，照顾往留直到长大成人。如今，黔东南地区的苗族每13年就举行祭祀祖先大典——“鼓藏节”，祭祀的祠堂被称为“宰闹”，意思是“鸟的家”。

苗族“圣衣”——百鸟衣将苗族鸟崇拜体现得淋漓尽致。岩鹰和水车鸟自然是苗族服饰纹样中的最初形态，但经过多年的口口相传和丰富的想象和创造，苗族服饰中的鸟纹样逐渐变得抽象和多变起来。唐贞观三年，黔东南苗族首领谢元琛身着百鸟衣入朝觐见唐太宗，随他入京的侍从们也“卉服鸟章”。此时，唐人喜欢以凤喻人，皇帝也喜欢自喻为凤凰，也被时人称为凤凰。百鸟朝凤的观念已然深入人心，表达对皇帝（凤凰）的臣服之心。谢元琛着装行为极具政治意味，不仅体现了本民族的特色和信仰，同时暗含着对当朝皇帝的臣服之意。《旧唐书·长孙无忌传》记载：“太宗追思王业艰难，佐命之力，又作《威凤赋》以赐无忌。其辞曰：‘有一威凤，憩翮朝阳，晨游紫雾，夕饮玄霜。资长风以举翰，戾天衢而远翔。西翥则烟氛闭色，东飞则日月腾光。化垂鹏于北裔，训群鸟于南荒。殄乱世而方降，膺明时而自彰。’”在赋中，唐太宗以威凤自喻，表达创业之艰难，以及对臣子的感激之情。据考证，《威凤赋》写于贞观七年，因此，笔者认为，“训群鸟于南荒”很可能指代的是谢元琛身着百鸟衣进京朝拜的事件，如此一来，苗族的百鸟便与凤紧密联系起来。

时至今日，苗族服饰上的鸟纹已然无法分辨是岩鹰还是水车鸟，笔者认为，苗汉文化的交融，使得很多鸟纹已然向凤鸟形象靠拢。无独有偶，在黔东南清水江流域，这里的苗族有初夏划龙舟比赛，据研究，这种比赛也与早期的鸟图腾崇拜有关。初始的龙舟首尾高翘，船头最早应是“鸟头”，船尾用一束茅草装饰，酷似鸟尾形状。后来，在汉族文化的影响下，船头改为“龙头”，船尾被称为“凤尾”。

唐宋以后，苗族支系蔓延，服装样式也随着地域和支系变得多样。但在服饰上，仍旧延续着与凤鸟相关的形象。陆游在《老学庵笔记》中提到，苗族男子“未娶者以金羽插髻”。清乾隆年间，出现“红苗”“黑苗”“花苗”等按照服装颜色区分的称呼。康熙年间的改土归流政策促使苗族和汉族文化融合，苗族的纺织印染技术明显提高，汉族服饰纹样也逐渐被苗族吸收。在汉族服饰艺术中，瑞兽纹样较为常见，如龙纹、凤纹、麒麟纹等。在苗族服饰艺术中，锦鸡的造型逐渐向凤靠拢，但在整体装饰风格上又区别于汉族凤艺术，既吸收了汉族凤文化中祈福纳祥的愿望，又保留了苗族先民风俗中的图腾含义。

二、苗族百鸟衣

目前，苗族百鸟衣主要流传于黔东南苗族侗族自治州丹寨县灰乡送陇、雅灰、羊高、杀高、上丛、排路以及周边地区

①杨路琴：《送陇村苗族百鸟衣调查》，《寻根》2015年第6期，第65页。

雷山县的达地、榕江县的新华、三都县都江等乡镇的20多个自然村寨。[1]由于衣服上以写实或抽象的手法绣着各种鸟类纹样，衣带坠着白色羽毛，故被称为“百鸟衣”。百鸟衣制作精美，纹样丰富，历史文化内涵深远，2008年被评为国家级非物质文化遗产。百鸟衣均为手工绣制而成，工艺繁琐复杂，要经过染布、捶布、刺绣、挑花、裁剪缝制、镶花边、镶吊预等工序，一件衣服一般需要耗费三至五年时间。百鸟衣的绣片内部一般用剪纸做内衬，不方便清洗，因此，百鸟衣都是世代相传，并且要等到苗族最隆重的“鼓藏节”或者婚丧嫁娶时才拿出来穿。

百鸟衣有男式和女式之分，男式被称为“欧花勇”，女式叫“欧花闹”。摆贝男式百鸟衣（图5-2）为无领长袍，上衣为无领对襟宽松式，两袖宽大平直，与衣身成90度角，下摆与飘带裙缝合，仅以边缘线带束之。直襟无纽扣，两袖口用土蓝布贴饰外，通体绣花，亦有通体织锦的。穿这种款式的男子，

图5-2 摆贝男式百鸟衣正面手绘图

一般是鼓藏节仪仗队的芦笙手，他们头部用青布包缠，外层用镶有两排银锥的银带箍在布帕外，系结于脑后，并垂飘带于背后直过臀部以下。女式百鸟衣一般分为三部分，上衣、肚兜、飘带裙和围腰。当然，不同苗寨的百鸟衣也略有差异，高随苗寨女式百鸟衣用黑色上衣搭配飘带裙，内里衬上菱形肚兜，下身围上方形围腰。其色彩追求艳丽对比，以浅绿和橙色为主，在工艺上，高随百鸟衣以挑花为主，刺绣为辅。丹寨雅灰百鸟衣则用菱形围腰，其色彩搭配以紫红、钴蓝、黄色为主。每逢节庆或赶坡会的时候，成千上万的苗族姑娘就会身着色彩艳丽的百鸟衣聚集而来。显得十分醒目和迷人，踏着悠扬美妙的芦笙曲翩翩起舞，宛若天仙。

值得关注的是，摆贝男式百鸟衣的后背正中是一个菱形方框，框内中央或为一太阳纹或鸟首龙身纹，四角为枫叶纹或蝴蝶纹，框外四角为凤头龙身图或异形龙图，两袖则多为圈龙图，亦有各种飞鸟或异形动物图案。女式百鸟衣则在裙帕上装饰着各式各样的动植物纹样。

当我们将百鸟衣上的鸟形造型与凤鸟造型对比时，会发现，二者在造型上具有高度相似性。百鸟衣上的鸟首龙身纹样（图 5-3）中的鸟头酷似楚文化中神秘的三头凤凤首造型，漩涡状的龙身传递出生生不息的生命思考，与楚人所喜爱的漩涡纹十分类似。因此，这个纹样也可以称为“凤首龙身”。菱形裙帕上的鸟头戴花冠，拖着长长的尾羽，身上的羽毛五彩斑斓（图 5-4）。艺术来源于生活，又高于生活。苗族人崇拜鸟，喜爱鸟，希望将所有美丽的色彩和形象赋予心中的鸟，菱形裙帕上的鸟五采而文，很明显融合了现实生活中的雉、锦鸡形象，而凤鸟也是古人基于现实鸟禽形象虚构而成，此鸟也可以说是少数民族化的凤鸟形象。

时至今日，苗族与汉族文化交流频繁，汉族的凤鸟形象在

图 5-3 鸟首龙身纹手绘图

图 5-4 菱形裙帕鸟纹手绘图

百鸟衣中逐渐占据上风，摆贝苗寨妇女所刻画的鸟头戴着飘逸的头冠，圆圆的丹凤眼和弯弯的鸟喙，与明清时期程式化的凤鸟纹样趋于一致。可以说，如今的百鸟衣不仅保留着苗族人最初的图腾崇拜，迁徙过程中的生活痕迹，也见证着苗族与其他民族文化交流历史，不愧被称为“穿在身上的民族史诗”。

三、苗族锦鸡服

因锦鸡是凤鸟的主要原型之一，贵州丹寨的一种锦鸡崇拜也是凤崇拜的一种。

传说麻鸟村的祖先为了躲避战争，从黄河流域辗转迁徙到这里。到达后，祖先们发现所携带的谷种已经遗失在路上。没有种子播种，只靠打猎、采摘野果度日，导致这里的生态遭到了极大的破坏。为了保持生态平衡，上天派遣一只美丽的锦鸡，给苗人送来了一粒金灿灿的谷种，同时告诫人们：“要保护树木，少打猎。”人们得到珍贵的谷种，便在此繁衍生息，能安居乐业。此后，锦鸡成为丹寨苗人的崇拜对象，麻鸟村的妇女喜欢编织出像锦鸡羽毛一样的花带围在腰间，蜡染布上染出锦鸡图案，将锦鸡形象做成银饰穿戴在身上。

然而，在丹寨的“高坡苗”中，却流传着不同传说。相传，古时候有个苗族青年，在山上打猎，捕捉到一只美丽的锦鸡，便让妻子模仿锦鸡的样子制作头饰和衣服，并和妻子共跳锦鸡舞。虽然这两种传说故事略有出入，但都是建立在“锦鸡”这一共同原型基础之上，反映了相同的民族自我意识。

苗人日常劳作十分辛苦，在农闲时刻，苗人女性喜欢自己制作服饰衣料，并绣上精美的团织花带、绣花鞋等。每逢苗寨重要节日，尤其是欢庆丰收、婚丧嫁娶或重大祭祀的时候，苗族女性会身着锦鸡服，男人们击鼓吹笙，女人们大跳锦鸡舞，以纪念给他们带来自由祥和与欢乐的锦鸡。独具特色的锦鸡服包括上衣、百褶裙、围帕和花带。从整体风格上看，她们的银饰、绣裙、花带以及造型扮相，都以锦鸡为参考，同时借鉴了汉族服饰中的凤鸟元素。苗人在色彩运用上质朴大胆，极尽想象之能事。锦鸡服一般用自然的矿植物染料染制而成的，黑、红、蓝。同时，也用色彩斑斓的加工色，如饱和度较高的黄、绿、紫等。对比强烈，艳丽多彩。

从款式上看，锦鸡服上衣一般用黑色、蓝色或红色布料做成对襟长袖或短袖合体衫，百褶裙有纯色的，裙外围上围帕，裙后缀上装饰美丽的花带。在黔东南地区，不同村寨的锦鸡服样式略有不同。丹寨卡拉村姑娘身上所穿的锦鸡服与凤鸟形象最为接近。她们发髻高绾，形如粽子，光滑圆润，簪上红花，高昂秀丽，酷似唐代高发髻，发髻上方又插上模仿鸟形的银雀冠饰，颈戴银项圈，随着舞蹈动作微微颤动，富有韵律。她们的上衣短小合体，裙子却只有 10 厘米左右长，因此被称为“超短裙”，裙下缀上飘逸的羽毛，露出修长的双腿，如锦鸡般优雅。前围帕短，绣上艳丽的图案，后围帕朴素，在后腰系上二三十条宽而长的花带，五彩斑斓，仿佛锦鸡美丽的尾羽。值得注意的是，她们的脚踝也用黄色或绿色羽毛装饰，鞋头装饰着尖尖翘翘的红色凤头，与汉族服饰中的凤头鞋十分类似。

在贵州凯里市黔东南民族博物馆中展出的凤鞋（图 5-5），

图 5-5 凤鞋手绘图

从造型上看，也是一只鸟的形状，鞋头尖翘，鞋边用几何纹样装饰，十分精美。鞋面上的图案已经不是锦鸡，更像一只腾云驾雾、翱翔九天的凤鸟，长长的头冠与云气花朵缠绕在一起，圆睁的凤目和弯弯的鸟喙，加上美丽飘逸的尾羽，图案线条灵动婉转，与汉民族服饰中的凤鸟图案高度相似，只是在配色上具有苗族特色。

苗族服饰图案中的姬宇鸟、锦鸡、羽人像等，是鸟图腾、生殖崇拜和祖先崇拜的一种综合反映，它体现了苗家人对自己先祖姜央、蚩尤、欢兜以及蝴蝶妈妈的永恒纪念与缅怀。[①]如今的苗族服饰凤鸟图案不仅传承了古老的物象造型，在审美上又有了新的突破和超越。例如，在丹寨民间蜡染图案中，构图往往追求完整圆满，平衡对称，同时又有变化。纹样的设置大胆奇特，凤首鱼身、凤首蝶身、凤翅鱼身等，翅上可生花枝，凤首与花枝相伴相生，不一而足。

①王盈：《贵州苗族装饰符号之鸟纹研究》，陕西师范大学硕士论文，2014，第34页。

四、苗族银饰中的凤鸟形象

苗族银饰萌芽于巫术、图腾崇拜、祭祀活动，产生于汉代，成熟于唐代，丰富于明清两代，发展于现当代。苗人笃信银器能驱邪逐祟，防止阴气的侵害。同时，白银能解毒，苗人在山泉中饮水时，一般先用银手镯浸入山泉测试其毒性，这也就赋予白银巫术、神话的神秘感和神圣感。在民间传说中，古时的苗族先民戴上银颈圈，就能战胜作恶的“老变婆”，也就是“山妖”，确保大家平安。如果在银饰上铸上关于神灵祖先、吉祥物和崇拜物等，银饰便会被赋予神圣的意义而使佩戴它的人获得护佑。我们知道，苗族祖先蚩尤“头有角”，因此，苗族的银冠饰多有大银角，这是对祖先的缅怀。

清代苗族银饰普及开来，男女老幼都以佩戴银饰为荣，由此，苗族银饰的社会功能从最初的求吉祥、保平安等驱邪避灾逐步演变为装饰和物质炫耀的载体。每逢盛大节日或婚礼仪式，苗族女性都会盛装打扮，从头到脚佩戴着银饰。“以银为结，以银为彩，以银为荣，以银为贵”成为苗族区别于其他民族的重要标志。湘西、黔东南等经济较为发达的地区，银饰重量可以达到二三十斤。苗族银饰分为头饰、胸颈饰、手饰、衣饰、背饰、腰坠饰、脚饰七种系列，以其繁复多样的种类、奇特华美的造型和精巧的工艺，向人们呈现了一个瑰丽多彩、雍容华贵、巍峨壮大、精美细腻的艺术世界，凤鸟等动植物元素的加入又体现出苗族多姿多彩的精神世界。

苗族银角饰分三种类型，即施洞型、西江型、排调型。各种银角饰中，施洞型最繁缛奢华，制作亦最为精细，凤鸟形象最为生动。施洞型银角又称银扇，因其在分叉的两角间均匀分布四根银片颇似扇骨而得名。银角主纹一般为二龙戏珠，龙、珠皆单独制作，用银丝同主体焊连。两角顶端为钱纹，四根银片高过两角。顶端为蝴蝶，蝶口衔瓜米垂穗。银片间装饰着凤鸟，展翅欲飞。藏于北京服装学院民族服饰博物馆的贵州施洞苗族银冠角顶部有四只蝴蝶，两端有日月纹饰，上半部分有四只腾空欲飞的凤鸟。花朵、牛等陆地上的生物形象被放置在银角中间，鱼、龙、虾之类生活在水里的动物被放置于银冠下方或底部。整个纹样布局对称均衡，涵盖了天空、陆地和河流的空间关系，体现出苗人的生命观和宇宙观。据了解，龙凤纹银龙角出现较晚，最早的施洞银头饰只插 4 片小银片，而且是不錾花的素面。后来才受到别的苗族支系牛角头饰的影响，逐步形成施洞龙凤纹龙角头饰，并用上好白银，精雕细作而成。[1]银冠上的凤鸟形象实际上也是受到汉族凤文化的影响，逐渐从鸟雀的形态转变为独立成纹的汉族凤鸟形态。

①唐绪祥：《贵州施洞苗族银饰考察》，《装饰》2001 年第 2 期，第 64 页。

西江型银角因体积大而颇具特色，一般而言，宽约 85 厘米，高约 80 厘米。整体看来，银角高度将超过佩戴者身高的一半。据研究，西江型银角的主体图案通常为二龙戏珠形象，但是，银角两端往往会插上白鸡羽，以模仿锦鸡形象。如此看来，龙凤文化元素很好地融合在银角之中，高耸的银角巍峨壮观，同时又兼具轻盈飘逸之美。舟溪苗族银冠也是扇形，两角间数根扇片，薄而轻，但无装饰。排调型银冠同上述两种银冠有区别。首先，排调型银冠的佩戴不靠插针，而是靠银片紧裹头帕起到固定作用。其二，排调型银角造型更为独特，似角似羽。两角一分为二，远观似角，近观如羽。正中开出一支，顶端则明显为变形银羽。这里的羽毛装饰可以说是鸟图腾崇拜的反映，也是凤鸟元素的间接体现。

苗族头饰中也有银帽，分为三种类型，即重安江型、雷山型、革东型。银帽为苗族盛装头饰，由众多的银花及各种造型的鸟、蝶、动物和银铃组成，给人以满头珠翠、雍容华贵的印象。潮宏基珠宝馆将重安江型银帽用现代手法演绎出来，可以看到，银帽为半珠形，全封顶，分内外两层。内层用缠布铁丝编成适于顶戴的帽圈，外层分三段，上段为帽顶，帽顶正中，有四只银凤昂首站立。下段沿帽箍垂下一排吊穗，皆以银链相连，银铃叮当。冠后拖三组银羽，共十二根，羽长及腰。银帽中的银花、银凤、银虫均用簧形银丝与帽体相连，并作颤枝处理。这种颤枝结构和造型设计吸收了古代“步摇”的特点。

苗族冠饰中也有以凤鸟为主要纹饰的现象。节日庆典中的施洞银冠是由昂首挺立的凤鸟构成，长长的尾羽和美丽的头冠完全脱离了最初的锦鸡样貌，反而酷似明清时代的凤鸟形象。值得注意的是，佩戴者高高的发髻和簪花装饰应是唐代装饰风格的遗留，可以说，苗族银冠饰中的凤鸟形象是不同时代、不同民族文化重叠、融合的结果。在贵州黄平苗族妇女的银凤冠上，成百上千朵银花簇拥在半球状的铁箍上，冠顶中央插有一只银凤鸟。凤鸟两侧插上四只形状不同的小鸟，凤冠正面挂着三块长短不一的银牌，银牌上的花纹是“双凤朝阳”置于“二龙戏珠”之上，整个凤冠重两千克左右，是黔东南黄平地区苗族妇女在节日时佩戴的。

在湘西，苗族的银冠饰和帽饰中也有凤鸟、蝴蝶和花朵元素，但在颜色上比黔东南的更为丰富艳丽一些，加入了红、绿等色。在湘西州博物馆珍藏着一副苗族银凤冠，17 岁以下未出嫁苗族姑娘在前额佩戴该凤冠，这件银凤冠是民国早期由湘西苗族银匠打造而成，重 179 克，由一块长 27 厘米的弧形银皮作底，上面用纯银装饰，花纹有多枚方孔古钱、莲花纹、梅花点、梅花朵及阴刻五个篆体“寿”字。两头为对称的二龙抢宝、双凤朝阳和各种花草。银皮下端有 9 只展翅欲飞的银凤，每只凤嘴里含吊一根细银链，三条细须，长 5 厘米。

凤鸟形象还存在于苗族银花发簪中。苗族的发簪和耳饰，起源于北方少数民族的“跳脱”，融合古代饰物中“耳铛”“步摇”“五兵佩”，以及中国传统艺术中的龙、凤、鳞纹样等。进入苗族社会的银饰决不单纯表现为某个民族专有的艺术形态，而是不同时空、民族文化的混合体。苗族发簪不仅银光闪闪，而且图案各异，多以花、蝶、凤、鸟为主。苗族不同地区的发簪中凤鸟形象受当地的服饰图案或工艺风格的影响。有的纤巧细腻，有的拙朴凝重，各具特色。雷山西江苗族银发簪一般由数十朵银花呈扇形分布，扇心有五只银凤昂首高歌。图案整体排列疏密有致，更具特色的是，当发簪平铺开来，如凤尾般散开，十分美丽。

从审美角度看，苗族银饰整体特点以大为美，以重为美，以多为美。凤鸟在这里与龙、枫树、花草等作为配角，形成质朴、神秘而有趣的装饰效果。同时，凤鸟也可以成为设计主角，蝴蝶、花草等成为陪衬，尤其在头饰当中，凤与龙一起，成为设计主题，这与服装部件的设计原理有关，也是汉族龙凤文化与苗族鸟图腾崇拜互渗的结果。从社会功能看，苗族服饰中的凤鸟作为崇拜物，它把具有共同信仰和祖先的苗人紧紧地凝聚在一起；作为婚姻标志，它给苗人的婚恋生活带来良好的秩序；作为巫术器物的重要构成部分，它又从心理上给苗人提供生活的安全感。

第三节　凤与其他少数民族服饰

在畲族和苗族之外，中华大地上还散布着许许多多的少数民族，每个民族都有自己的创世神话、图腾信仰和服饰文化。这些民族往往有自己的语言，却没有自己的文字，民族的经历一般用生动形象的刺绣、织锦记录下来，从而形成独特的服饰文化。在与汉文化的相互交流过程中，凤凰的形象和传说在这些少数民族服饰文化中留下了不同程度的印迹。

一、白族凤凰帽

白族自称“白子”“白尼”，源于南迁的古氐羌人，元明称为“白人”或“僰人”，明清以后称“民家”“那马”“勒墨”。其族源是多元的，主要以土著居民洱海人（西洱河蛮）、昆明人为主体，融合了僰人、哀牢人、西爨白蛮等成分，甚至融合了一部分汉族，最终于公元8世纪形成白族。[①]从“苍洱遗址”考古发掘来看，白族是一个历史悠久的民族。白族文化“其本质异于华北之仰韶、龙山文化”，是一种“地方色彩甚重”的区域性文化。

①傅丽：《白族古代汉文诗歌韵脚字的语音研究》，云南民族大学硕士论文，2015。

从服饰风俗上看，白族服饰文化与中原文化区别很大。秦汉至南北朝时期，白族先民以滇池为中心的滇僰人“头饰羽翎”。在晋宁石寨山出土的青铜器舞蹈图像中，舞者全戴羽冠，顶插长翎，上身裸露，下着兽皮羽毛带状裙。洱海地区，唐初白族先民之一的西洱蛮，男女以毡皮为披，女子絁布为裙，男女赤脚。《蛮书》卷四云："又东有白蛮，丈夫妇人以白缯为衣，下不过膝。"[①]"妇人一切不施粉黛，贵者以绫锦为裙襦。"[②]也就是说，白族崇尚白色，以白色衣服为尊贵。不同地区的白族人着装方式也略微不同。具体而言，云南大理一带的男子多穿白色对襟衣，外套黑领褂。洱海东部白族男子则穿麂皮领褂，或皮质、绸缎领褂，腰系绣花兜肚，下穿蓝色或黑色长裤。女子服饰各地也有不同。大理一带多穿白上衣，红坎肩，或是浅蓝色上衣、外套黑丝绒领褂，右衬结纽处挂"三须""五须"银饰，腰系绣花短围腰，下穿蓝色宽裤，足蹬绣花鞋。

①樊绰撰，向达校注：《蛮书校注》，中华书局，1962，第105页。

②樊绰撰，向达校注：《蛮书校注》，中华书局，1962，第209页。

凤羽、邓川、洱源的白族姑娘喜戴"凤凰帽"。有的地方则头包花毛巾或只将辫子盘头上，再缠一束红头绳；有的地方头饰为"一块瓦"；有的地方头上用多块头布相叠覆盖，最外面的一块布上绣白族人喜欢的图案。再外缠多种颜色的头绳，格外美观。

笔者认为，凤羽、邓川、洱源的凤凰帽应是受到汉文化的影响，凤是汉族文化中象征吉祥、幸福、美丽的神鸟，在白族民间故事中，凤的这一形象基本保留下来。凤羽后面的罗坪山上有个彩凤峰，相传，此峰是凤的家乡。彩凤峰脚下住着一对姐妹，她们以种植荞麦和砍柴为生。有一天，她们在山中迷路了，居然走到一座金光灿灿的山峰上，看到百鸟在歌唱、孔雀在开屏，不久之后，一只金光灿灿的凤凰在百鸟的簇拥下朝她们走来，凤凰见这两位姑娘勤劳、美丽又善良，于是送姐姐一顶金凤凰帽，送给妹妹一顶银凤凰帽。姐妹俩戴上凤凰帽后更加美丽动人。令人惊讶的是，她们很快就找到了回家的路。有一天，皇帝来到彩凤峰下打猎，看见一位戴着凤凰帽的姑娘正在种地，命令卫士将其抢进皇宫，逼迫她做皇后。姑娘誓死不从，触柱自尽，这个姑娘正是姐姐。妹妹听到这个消息，悲痛万分，决心为姐姐报仇。她戴着银凤凰帽，来到皇宫，皇帝看见妹妹比姐姐更加妩媚动人，花言巧语要娶她做皇后。妹妹假意答应，但是在交杯酒中放入了事先准备好的孔雀胆。最后，妹妹和皇帝同归于尽。

当然，关于凤凰帽的传说另有版本，只不过将小姐妹置换成美丽的白族姑娘王莹，王莹上山砍柴，路遇凶恶的羊雕，被白族小伙子相救，二人情投意合，约好成亲，后又遇到一对五彩孔雀朝前带路，百鸟簇拥着一只美丽的凤凰向她走来。凤凰赠送她一顶凤凰帽。然而，王莹又被打猎路过此地的南诏王劫掠而去，在王宫中，王莹设计毒死了南诏王，逃回家中，用凤凰帽治好了因悲伤过度而失明的母亲，最终与心上人共结连理。在这两个版本的传说中，凤凰都是拥有超自然能力的神鸟，佩戴凤凰帽的女性变得更加美丽、富有智慧、更有力量。如今，凤凰帽已不再是单纯纪念英雄的标志，而是未婚和少女的标志，象征少女的美丽、纯洁和善良。

二、壮族凤纹服饰

壮族，自称“布壮”“布侬”“布土”，旧称“僮人”“俍人”。由古代百越的一支发展而来。秦汉后泛称“西瓯”“骆越”“乌浒”“俚”“僚”，宋始称“僮”。壮族也是一个图腾信仰繁多的民族，可以分为植物类、动物类、自然现象类。以鸟崇拜为例，壮族以鸟为图腾，与先民的生殖崇拜密切相关。郭沫若曾认为：“无论是凤或燕子，我相信这传说是生殖器的象征。鸟到现在都是生殖器的别名，卵是睾丸的别名。”[①]据研究，“骆越”的“骆”是鸟的意思，骆越之名，可能来源于壮族鸟图腾崇拜。在壮族神话中，鸟与人通婚，他们的女神始祖是乌鸟的化身，创世男神则是“鸟的首领”。据说，壮族先民

①郭沫若:《青铜时代·先秦天道观之发展》，人民出版社，1954，第329页。

为求得神鸟的庇护，头着羽冠，身饰羽毛，模仿鸟的飞翔动作载歌载舞。在日常生活中，壮族女性将鸟元素应用到服装设计中，例如云南省砚山县、西畴县一带的壮族侬支系妇女将鸟纹刺绣在衣服及背带上。因此，有人认为，壮锦中的凤纹饰，反映了壮民族曾经的鸟崇拜、鸡崇拜与凤凰崇拜。[①]

①路琼：《壮锦纹饰研究》，山东大学博士学位论文，2017，第 80 页。

然而，笔者认为，如今壮族服饰中对凤的喜爱虽然离不开壮族先民对鸟的崇拜，但更源于汉族文化的渗透。在服饰中，壮族人崇尚黑色，男女衣服都以黑色为主。女子一般头戴黑头巾，身穿黑色或青色右衽斜襟上衣，在领襟、袖口都绣上花边。下穿宽大黑色裤子，裤脚也镶饰花带，腰系围裙，节日则穿上绣花鞋，背着壮锦做成的筒包。也有些地区的壮族妇女穿黑色百褶裙，裙上有彩色刺绣，下有彩色布贴，五彩斑斓，十分耀眼。妇女发式不尽相同，但一般用饰有图案花纹的壮锦头巾包裹。

壮族女子擅长纺织和刺绣，所织的壮锦自古闻名，刺绣也以斑斓的色彩和写实灵动的手法自成特色。刺绣和壮锦多用于服装装饰和饰品制作，其中的图案种类繁多，有关于图腾信仰的太阳纹、蛇纹、蛙纹等；有植物类的花草，梅兰竹菊、牡丹、莲花等；还有来自汉文化的宗教纹样，如太极八卦、暗八仙等。最常见的动物纹样是龙与凤，这种极具符号标志性的纹样高频率地出现，有其文化融合的因素。[②]

②陈丽琴：《广西壮族民间刺绣的艺术特色》，《社会科学家》2018 年第 1 期，第 152 页。

明人邝露在粤西地区生活很久，他的著作《赤雅》卷三记载："南汉时，邕州有六凤凰，高五尺，金冠五彩，飞入城中，众鸟朝之。""宋景德，白州有三凤南来，飞入城中，群鸟随之。"写到两江鸣凤，还有"鸣凤如孔雀，绀碧头上彩毫，光逾掣电，冠上垂两弱骨，长一尺五寸，鸣声清越如箫笙，能变曲"。据研究，壮族的织锦在宋代被称为"广西锦"，在北宋蜀锦院成立之前，广西锦已经以其优良的品质名誉四方，到明代广西锦则跻身为贡品，明代魏濬《西事珥·龙凤葛》记载：“郁林葛，南方称为佳物。机诞而纵，长五六丈，然质颇重厚，似不甚宜暑。原贡额不载，万历十五年始令贡千疋已，又令贡二千疋，工部覆奏，定每岁百疋，近内监教之，织为龙凤纹献之，葛之有龙凤自此始。”[①]明代的郁林治设在布山，也就是现在广西桂平西。明代中叶到清雍正十三年，中原政府的“改土归流”政策基本完成，壮族地区文化受汉文化的影响更深，汉族对凤的崇拜与壮族人的蛇、蛙等图腾崇拜一起进入到服饰生活中。明清时期的凤纹一般表达人们祈求美好生活的愿望，形成“图必有意，意必吉祥”的装饰法则。“龙凤呈祥”“凤穿牡丹”“双凤朝阳”等吉祥纹样是常见的壮族服饰题材。

①(明)魏濬:《西事珥》，日本内阁文库藏本。

在壮锦中，壮族人擅长用比拟手法来表现凤纹。比拟主要包括将人比作物，将物比作人，或将甲物化为乙物三种情形。[②]梅兰竹菊被称为品格高洁的“四君子”，凤纹则象征着祥瑞，牡丹代表富贵，在壮族织锦中，有时凤纹和神人纹共同出现，有时凤鸟与梅花、菊花共同出现，有时以二方连续的对凤形象出现，说明壮族人十分向往吉祥与高洁。

②路琼:《壮锦纹饰研究》，山东大学博士学位论文，2017，第71页。

在织锦中，囿于工艺手段，这些凤的形象大多写意抽象，简洁质朴，或强调其长尾，或简化其双足，突出其双翅，或刻画其美丽的头冠。在刺绣服饰用品中，凤是由孔雀、锦鸡、公鸡的各个部位集合而成，一般将它们最美丽的部分进行夸张变形，设计成公鸡头、锦鸡身和孔雀尾造型。

当然，最为写实的凤凰造型体现在壮族节庆活动的凤凰舞蹈服饰中。在南宁横州的石塘、陶圩、六景一带，流行各种凤凰舞，每到节庆日，壮族人便会表演凤凰舞。凤凰舞分为两种，一种是由一个或两个人穿上凤凰服饰道具进行表演。这种凤凰服饰包括凤冠、凤凰道具和凤鞋。凤冠一般用晶莹闪亮的珠子制成，凤凰道具根据凤凰鸟形象制作而成，鲜亮美丽的羽毛，红色或黄色的凤冠，后面的凤尾色泽艳丽，长长垂下，舞者脚上的凤鞋饰有羽毛。表演时，凤凰时而抖翅、舔羽，时而又沐浴、饮水，展翅飞翔，形象逗人喜爱。还有一种“三穿花”“彩马彩凤舞”等与其他兽类合舞的凤凰舞，这类舞蹈均在春节期间挨家挨户上门拜年表演，或在广场演出，向人们恭贺新禧，祝愿人们吉祥如意。表演者一般模仿狮子、麒麟、凤凰形象，穿着鸟兽服饰，穿插对舞。

三、瑶族五彩衣

瑶族与畲族共同尊盘瓠为祖先，在中国南方的湖南、广东、广西、云南、贵州、四川六省区都建有瑶族乡，有红头瑶、白头瑶、蓝靛瑶、沙瑶、白裤瑶等不同族类。因此，瑶族服饰丰富多彩。广东曲江瑶族男子“衣服彩绣花边”，广东连南瑶族男子喜留发髻，插以雉毛装饰，并以红布帕包头。云南文山瑶族男子服装为大领长衫，领襟以花纹和红色绒球花为装饰。广西南丹县瑶寨男子喜着绣边白裤。瑶族妇女善于刺绣，在服装的领口、袖口、胸襟、腰带、裙边饰以色彩斑斓的挑花、刺绣，鲜艳夺目。妇女头饰式样繁多，喜爱以银簪、银花、银串珠、弧形银板等配以彩色丝带做头饰，风格别致。

总体看来，瑶族服饰虽有诸多差异，但又有相似之处，便是装饰五彩斑斓。早在《后汉书》中就有瑶族先民“好五彩衣服”的记载。关于“五彩”的来源，说法有异。《广东新语》记载：“盘瓠毛五彩，故令瑶俠徒衣服斑斓。”瑶族人好五色衣裳是对祖先盘瓠的崇拜和纪念。也有人认为，瑶族是一个经历坎坷和迁徙之苦的少数民族，因此瑶族人将在原始色彩符号文化中象征着土地的“黑色”用在服装的固有色上，以此来铭记他们对于失去土地的悲恸心理和对于土地的热爱与向往。“红色”象征着生命和流动的血液，瑶族服饰刺绣上的红色一方面是用来缅怀祖先们的不畏强敌，保护民族的精神，同时表达了瑶族人对生命的崇敬和对于族群世代繁衍、源远流长的美好祝福。“蓝”与“白”是瑶族人悲剧情绪的表达，是瑶族表达对先民们沉痛追思的心情的视觉化符号的体现。“黄色”则是最为光辉明亮的色彩，是一种积极向上的色调，代表光明与能量，是瑶族人对生命的敬仰和对于美好未来充满希望的寄托。①

①宋争争：《连南排瑶刺绣图式语言研究》，广东技术师范学院硕士学位论文，2015，第37页。

笔者认为，瑶族喜爱五彩服装，可以从凤文化中找到源头。在云南富宁县瑶族生活区流传着关于凤凰的民间故事。传说从前有对青年相爱，男的叫盘阿思，女的叫刘三娘。瑶族头领想讨三娘为妾，被三娘拒绝，转而逼迫盘阿思，要盘阿思一天以内制一件五色凤凰衣，否则不准与三娘结亲。阿思历经艰辛，连一只鸟儿也没有猎获。在他一筹莫展之际，一位仙女为阿思的精神所感动，送给阿思一件凤凰衣。阿思和三娘在乡亲们的帮助下，打死了瑶族头领，结成了夫妇。为了纪念仙女的恩情，三娘按凤凰衣的颜色，绣了四个花包，保留了红、黄、蓝、白四色，摒弃了黑色，象征冲破黑暗、走向光明。此后，这里的瑶族青年男女有一种娱乐活动——抛花包。瑶族和畲族的族源关系也十分密切，盘瓠的妻子三公主本身与凤凰就有密不可分的关系，甚至被认为是彩凤的化身。这里的五彩衣很可能也反映了瑶族人对三公主的崇拜。换句话，瑶族对五彩衣的喜爱来源是多元的，既有对祖先的怀念，也有民族苦难的记录。

作为族群，每个民族都有自己的图腾崇拜和族群象征符号，凤从最初的中原民族图腾逐渐在少数民族服饰中出现，甚至成为畲族的重要崇拜对象，反映了汉民族与少数民族文化的不断交流和融合。如今，黔东南等少数民族自治地区举办的民俗活动中，凤的出现频率越来越高，正所谓“凤舞九天”，说明凤与龙一样，已然成为中华各个民族共同认可的身份象征和重要标志。

第六章

凤与现代服饰设计

从古至今，“凤”作为中国传统文化中的艺术瑰宝，蕴藏的精神内涵深厚而恒久，根植于中国人的哲学思维、民俗风情和美学理想中。凤在不同时代凝聚着中华民族的精神动力和审美趋势。在原始社会，凤是先民的保护神，是远古氏族间斗争和融合的印记；到了封建社会，凤成为君王威严的政治管制工具；在民间生活中，凤是大众寄托心愿、传递情感的助手；艺术形态里，凤是独具文化意蕴的器物装饰形式……步入现代社会，凤依旧拥有强大的生命力。在国人的精神世界中，凤能够历经“涅槃重生”的考验，向世间传递幸福，不仅是吉祥、神奇的象征，还凝聚着中华民族几千年的文化。现如今，凤文化语义历久弥新，在现代服饰设计领域，凤的和美精神和艺术审美特质，及其蕴含的丰厚意蕴成为设计工作者取之不竭的灵感来源，设计者在传统凤元素基础上，以更多元、变换的手法彰显时代风貌和象征寓意。这些现代设计中映射出传统的文化情怀，是中国现代艺术设计发展中“古为今用”的表现。

第一节　凤的当代价值

在新时代，社会主义建设离不开文化的发展，提高文化软实力是建设文化强国、实现民族复兴的重要战略任务。作为中华优秀传统文化结晶之一的凤始终是中华民族的共同信仰，是寄寓华夏儿女美好愿景的精神依托。凤文化的精神内涵与中国古代的“和”文化有相契合之处。所谓“以和为贵”，在中国人的思维体系中，“和”是一切事物的根基，是最高境界的社会共处模式。有学者就凤文化中的“和”文化与古代的儒、道、佛三家文化在理论层面上做出如下分析：在三家的理论体系中，都可以用“和”文化来进行概括，儒家讲究“人伦道德之和”、道家讲究“天道自然之和”、佛家讲究“心性觉悟之和”，如此的“和”文化与凤文化中的象征意义十分吻合，于是凤成为表示“和”的完美象征意象。[①]因此，凤文化的传承与弘扬仍具有时代价值和意义，其在服饰文化发展中仍发挥着重要的社会文化功能。

①庞进：《中国凤文化》，重庆出版社，2007，第286页。

一、有助于构建和谐社会价值理念

凤鸟本身就是“和美”的象征，携带着丰富的“和谐”因子，是构建和谐社会价值理念的重要符号。

首先，凤凰被认为是品德高尚的神鸟。《山海经·海内经》记载：“凤鸟，首文曰德，翼文曰顺，膺文曰仁，背文曰义。”老子曾说：“凤鸟之文，戴圣婴仁，左智右贤。”到了晋代，凤不同部位的羽毛与阴阳五行一一对应，逐渐发展为代表“仁、义、礼、德、信”的意象。如今，这五种品德成为中华民族传统美德的根基和支柱。从基本内涵来看，“仁”主要是人与人之间互相关怀、互相尊重和互相爱护的情感，是世间万物共生、和谐相处、协调发展的一种道德规范；“义”是超越自我、正视现实、仗义公道的做人态度；“礼”是建立人际关系、社会秩序的一种标准和规则；“智”是人认识自己、了解社会、解决矛盾、处理问题的眼光和能力；“信”是人们交往和处事的道德准则。[1]

①吴艳荣：《凤文化蕴含的和谐因子与当代价值》，《武汉科技大学学报》2011年第5期，第593页。

其次，凤在婚仪服饰中的喻情、寄情和传情功能蕴含着两性和谐因子。阴阳五行学说认为万物产生是由阴阳交感而来，万物都是阴与阳的对立统一，人的性别以阴阳之分，男女的婚姻爱情中也常以“凤凰于飞”“鸾凤和鸣”等词语表达人们向往圆满、和美的愿望。古时按照“六礼”进行的婚礼仪式也是在黄昏时进行的，取其白天与黑夜交接时分，以求在良辰吉时进行婚仪程序的吉祥意头；阴阳学说还认为宇宙万物都有阴阳对立的两个方面，不断运动且相互作用，这种相互运动是万物发生变化的根源，也就是所谓的“生化不息”。

再次，凤在服饰中的传承与传播有助于维持社会风尚的和谐。以传播学原理来解释文化与传播的关系可大致概括为以下四种类型：一是文化的进程与传播过程是相互影响和相互制约的，二是传播媒介的不断变革促使文化丰富和变迁，三是现代大众媒介是一种文化传入大众生活的载体，四是社会传播与文化的融合导致媒介文化的出现。[2]在一个动态的社会系统中，文化通过各种媒介在日常生活中得到传播。古代社会，精英阶层通过文学作品将凤与婚姻爱情的关系描述出来，大众以民间传说的形式将凤的美好品行展示出来，以凤的形象作为各种器物的装饰，以凤纹作为服装中最经典的元素，是社会身份的象征，人们在服装中寄托着对美好生活的向往和期待。如今，随着科学技术的快速发展和人们对于文化的重视，新的传播媒介为凤文化的传播提供了更创新、更贴合大众的形式。就社会内部文化发展而言，社会内部文化构建中需要多元统一的文化体系，凤文化的时代精神一直以创新的形式与新鲜的时代背景相接轨、相融合，社会层面的文化输出在一定程度上找到一个接洽点，使社会成员参与其中。在此情景下，凤的社会文化研究对于社会主义精神文明建设，和谐社会价值观的塑造以及中华

②申凡主编：《传播学原理》，华中科技大学出版社，2012，第248页。

民族伟大复兴都存在一定的积极意义。

二、有助于增强中华民族凝聚力

众所周知，中华民族的历史悠久，文化博大精深。在人类历史发展的长河中，文化曾经是关于自然、关于道德、关于社会意识形态的一切总和，而在新时代的背景下，文化成为决定社会经济、社会政治的关键因素，成为中华民族立足世界之林的软实力。正如习近平总书记在纪念孔子诞辰2565周年的国际学术研讨会上所说的："文化承载着民族发展的血脉，具有民族性、历史性与传承性的特征。"[①]中国作为四大文明古国之一，在生态、政治、文化环境的多重影响下，成为唯一文化未发生断层的国家，其重要原因就是优秀传统文化的传承与发展。早在史前时期，原始先民对于自然界事物的认识仅局限在一个相对狭小的范围，因此他们常会借助图腾来表达对美好事物的追求，从而形成一种强烈的精神寄托，早期的凤图腾崇拜也就此诞生。在封建社会，凤凰又被视作太平盛世的吉兆，代表着君王德政善治的政治祥瑞，成为一种特殊的政治管理手段。在民间社会中，凤凰的忠贞品质打动了无数人，凤凰象征寓意中的和美文化成为人们表情、传意的美好意象；进入新时代，凤文化成为中华文明的象征，是中国传统文化的精髓。

①赵付科，孙道壮：《习近平文化自信观论析》，《社会主义研究》2016年第5期，第9页。

在历代的演变发展中，关于凤的形象的描绘和其文化意蕴的扩展是一个逐渐趋于"和美"的状态，包含了各个时代的精神、文化背景、人文情怀。凤的美好形象、文化和精神意蕴深入人心，凤的文化内涵可以激起人们对美好生活的无限向往，是增强民族精神和凝聚力的重要文化符号。我国不少拥有"中华老字号"之称的著名品牌的标志中有对于凤纹的应用：上海凤凰自行车、上海老凤祥珠宝、西凤酒等，这些品牌从名称到标志的形象设计都融入了深层次的凤凰文化，在设计中彰显凤文化的精神和气质。中国国际航空公司的标志设计同样是以凤凰形象作为主要的设计要素，以现代设计中的抽象、解构、重组等手法将红色凤凰的形象进行再设计，以凤凰腾飞冲天的属性作为一种隐喻符号，以凤凰代表的精神气质作为一种文化符号，可谓是从形到意都十分契合，展现中华民族特有的民族情感中的人文关怀特点。

三、有助于提升民族文化身份认同

在中华文化体系中，龙凤文化是中国文化的两大体系，龙凤图腾是原始社会中的两大图腾体系。龙凤两大文化分支是中华民族的精神象征，是文化的标志，更是华夏儿女的一份情感信仰。

关于“龙凤传人”的观点，李竞恒提到过中国的龙凤符号在早期的流变中，是作为帝制时代的政治符号，随着现代国家的建构，龙凤符号逐渐成为中华民族的象征。[①]龙凤的视觉艺术元素是历代装饰艺术中常用的主题。在不同形式的艺术载体中，由图腾崇拜转变成形式多样的凤鸟图案，是对最初图腾文化的延续和升华，也是上古时期崇拜观念与时代精神结合和完善的产物。

①李竞恒:《走出“龙凤”的现代迷思》，《中华文化论坛》2015 年第 2 期，94 页。

有史家认为，早在上古时期，“凤”被黄河下游地区居住的东夷族视作向世人传达神灵旨意的神鸟，而“凰”则代表着长江下游地区东夷族首领祭祀时佩戴的王冠形象，“凤”与“凰”相连，表示早期的两个氏族的融合。凤鸟图腾由此成为中华民族传统的图案文化之一，其中也蕴含着深厚的文化内涵和独特的艺术魅力。中国崇凤的习俗对于民族文化的发展有极其重要的影响。在封建社会，帝王以凤自喻，盛世中的人们普遍接受“凤鸟至，则天下宁”的观点，帝王帝后的身份象征龙凤，用一种政治的手段将祥瑞文化注入管治中，政治与祥瑞文化紧密结合。从古至今，许多文人贤士以凤的高尚品德自居，以凤的高洁、和寡来比喻并约束自己的品行。从民俗学的角度来看，中国崇凤习俗是属于图腾崇拜的范畴，顺应了中国民间信仰的真实心理需求，也反映了人们对于美好生活的向往和追求。民间民俗文化中常以凤的文化隐喻婚姻爱情，是民间重要的信仰。无数动人心弦的爱情故事都有凤的身影，寄托着人们对于美好的愿景，民间的崇凤习俗成为一种重要的民间信仰，对于大众生活而言存在一定的积极意义。

凤鸟具备神性，一直是人们崇拜和信仰的对象。这种敬畏之情不断延续，凤鸟是中华儿女强大的感情寄托，得到广泛的认可。就一个民族而言，国家的认同感是整个社会成员共同拥有的信仰，这种身份的认同感是人们对于国家的情感归属和依附，有助于增强人们的身份认知和团结意识。[①]就当下而言，一个人的身份认同不仅局限于对国籍的确认，也在文化传承的血脉中得以无意识地认同。作为华夏儿女，无论我们身处何地，骨子里对于凤文化中拼搏精神的认同和对于凤凰祥瑞文化的信仰是必然存在的，这是广大中华儿女内心的共同归宿和情结。

①郭丽双、付畅一：《消解与重塑：超国家主义、文化共同体、民族身份认同对国家身份认同的挑战》，《国外社会科学》2016年第4期，第37-45页。

四、有助于弘扬中华民族不断进取的奋斗精神

凤不仅具有柔美灵动的外表，还具备奋发向上、不断进取的精神特质。《山海经·海内西经》曰：“开明西有凤皇、鸾鸟，皆戴蛇践蛇，膺有赤蛇。”在先秦楚地服饰中，凤鸟常捣龙、践蛇、踏虎，颇为雄壮；《庄子·逍遥游》中描绘凤鸟在海为鲲，在天为鹏，可见其变化多端，且能“扶摇直上九万里”，后楚庄王自比凤鸟，“不鸣则已，一鸣惊人”，暗喻自己奋发图强、开拓进取的鸿鹄之志。汉承楚风，在汉代服饰中仍旧可以看到凤鸟乘云驾雾，疾奔如飞，振翅冲天，威武雄壮的

形象。中华民族的复兴之路道阻且长，离不开文化精神的支撑，楚凤文化蕴含的开拓进取精神具有极其重要的时代价值和意义。

郭沫若先生指出：“凤凰经过500年就会自焚为灰烬，再从灰烬中浴火重生，如此循环不已，成为永生。”这种历经锤炼得以重生的内涵代表中华民族不屈不挠的奋斗精神。在世界文化之林中，中国文化独树一帜，正是因为凤文化中所含的奋力拼搏、顽强不息的精神。因此，在2008年北京奥运会中，凤凰就以华美的视觉形象展现在世界眼前，海南三亚举行的奥运会圣火起跑仪式以“凤鸣和谐”和“凤舞天涯”两个主题展开圣火传递，并且取“火凤凰”和“凤还巢”的文化含义。在奥林匹克广场的“火凤凰”青铜雕塑前开始了圣火传递的起跑仪式。以凤凰浴火重生后开启梦想的寓意开启奥运会的仪式着实令中国人自豪，同时以凤的华美形象以及和美的文化价值向世界传播中国文化。

第二节　凤与现代服装设计

古往今来，凤的象征要素在服装中具备最强的辅助功能，历经了古时帝后专用、象征身份的“龙袍凤褂”、汉族女子婚嫁的凤冠霞帔、带有无限吉祥魅力的民间服饰。凤在现代服装设计中呈现出新的姿态和意义。此时凤元素的服装，不仅承载着民族精神，还成为国家外在形象的重要载体。凤元素的服装有符合大众审美趣味的凤元素成衣设计，更有高级定制礼服设计；还有小众独立设计师服装设计。如此种种服装设计类型，使现代的凤与服装设计更具时代特色，更能满足现代消费者的着装需求。

一、现代服装设计概述

“服装设计”是现代语境中的词汇，属于工艺美术范畴、将实用和艺术结合起来的艺术形式。此时服装中的凤的形象表达在设计手法上更加多元、创新，现代服装设计以全新的设计视角记录了凤文化的源流与变迁。在现代语境下，服装设计师通过款式、色彩、图案等设计要素重新对凤的形象进行解释和再创造。这不仅是服装设计师的一种情感设计表达，也是对当代受众的情感关怀。

如果要讨论凤与现代服装设计，回顾中国现代服装历程是必经之路。中华人民共和国成立以前，并不存在“服装设计师”这个名词，“中式裁缝”用来形容服装的设计者和制作者。中国第一家时装公司是1917年成立的上海鸿翔时装公司，是一家专营女子时装的特色店，在女装造型设计、工艺处理等方面形成了特色，经营上是自产自销的模式。中华人民共和国成立后至20世纪70年代是中国现代服装的“黯淡”时期，也称为“时装禁期”，基于政治和经济的客观因素，这个时期的服装样式较为单一。改革开放后，中国服装行业进入大繁荣时期，政治人物带头穿双排扣西装，思想解放的年轻人开始率先穿上新款式的服装，蓝、黑、灰一贯统一的服装色彩终于改变，人们追求时尚，其激烈程度开始与国际时装舞台接轨，西方的服饰文化也逐渐传入中国。[①]到了20世纪90年代，中国的服装行业开始进入蓬勃发展的时期，一些国外设计师开始进驻中国。1979年，时装大师皮尔·卡丹在中国举行第一场时装秀。同时，国内本土设计师也开始发展起来，相应的一些服装展览、服装大赛开始举办。1985年，我国轻工部派出代表参加巴黎第50届的国际女装展览会，共有94件中国服装设计的作品参展；1987年，上海服装设计师陈珊华代表参加第2届巴黎国际

①安毓英，金庚荣：《中国现代服装史》，中国轻工业出版社，1999，第86-87页。

时装节，此次在世界亮相让世界领略到中国服装设计的精彩，在中国服装发展史上占据重要地位。[①]另外，这一时期我国的服装院校开始建立。进入 21 世纪，中国开始在世界时尚舞台绽放光彩，“中国制造”逐步向“中国设计”转变，中国现代的服装设计开始多样发展起来。

①冷芸：《中国时尚：对话中国服装设计师》，中国纺织出版社，2014，第 19 页。

随着综合国力的增强，中国的服装设计在世界舞台上崭露头角，中国式“时装”在全球范围内得到关注。此时，越来越多的服装设计师开始把设计的落脚点放在对于中国传统文化的传承上，有明显“中国元素”的服装设计不断出现。设计师们将时装作为一种表达方式，在设计要素中注入设计师的情感、理念和信仰，以这种方式表达对于中国元素的理解。在中国元素中最受瞩目的便是中国传统文化中的凤凰，于是，凤元素的创新应用在现代服装中大放异彩。事实上，对于这种中国元素的应用，西方国家服装设计称得上是先锋派的实验者。这里要指出的是，西方设计师先开始进行“中国元素”的设计实验，并非是否定中国本土设计师的相关设计，而是落实到具体的历史情境中的客观事实。“服装设计”的发端在 19 世纪的巴黎。在相同的历史阶段，西方现代时装发展史中已经出现众多令世界瞩目的服装设计大师，如保罗·波烈、可可·香奈儿、克里斯汀·迪奥、纪梵希等，这些先驱在时尚舞台上留下太多印象深刻的作品。在服装设计的专业范畴内，西方的新古典主义、浪漫主义、现代主义到后现代主义，以及“S 型服装”“女装革命”“迪奥时代”等经典的服装设计作品。西方服装设计师很早就把目光锁定在了中国市场，并且热衷于对“中国元素”的使用，开启了中国风时装的创新设计先河。

截然不同的文化背景使得相关服装设计师在使用中国元素时更加大胆和突破。无法避免的是，这其中会出现对文化理解偏颇导致设计过度和设计生硬的问题，在早期的西方服装设计中，龙、凤、牡丹、云纹等带有明显中国色彩的图案直接应用在服装中，一味地“描龙绣凤”，不免会显得生搬硬套和“讨好”中国消费者。当然，西方服装设计师对于中国元素应用也有可借鉴之处，例如西方现代服装设计手法中“解构主义”的运用。由服装样式廓形到局部细节的拆分、变化、重组，这种设计手法可以将局部设计细节无限放大，夸张化表现，也可以将细碎设计点整合起来再组合，形成全新视觉效果，从而重新定义服装美学。关于服装中“解构主义”的类型，包铭新、曹喆曾作出以下的四种分类：一是对服装传统意义上的解构，服装结构背离传统，可能达到不可穿的境界；二是对于时装结构的解构，将服装中的某个部分拆分、切割，进行非常规的改造；三是对图形的解构，将图案素材重新剪辑、拼接，重新组合；四是对传统材料的解构，以创新型材料、或者非服装材质来制作服装。①这种颠覆服装传统的设计手法，设计要点在于设计师自身对于理念的把握，这种设计手法背后更多的是设计思维的不同。

相比之下，国内本土服装设计师对于中国元素的应用则显得得心应手一些。西方时尚行业一直是处于领先地位，但国内本土服装设计师大有后来居上之势，文化自信引领的创造潮流使本土设计师具有高度的设计自觉和设计责任感。

关于中国元素的服装设计，其中对于凤元素的应用占据了不小的比例。这种带有宣扬传统文化，从民族性出发的设计常以传承凤文化的内在精神为落脚点。在 2015 年北京时尚论坛中，中国服装设计师张肇达曾提到：“缺少文化的设计是空洞的。因为这种设计只是单纯工业经验形态所构成的事物，无法出现现代感和前卫感，也无法让人产生感叹和共鸣。”②换句话说，只有在设计中注入了文化涵养，设计作品才能为人们带来自信，设计才真正拥有了灵魂。2008 年奥运会中奥运火炬手

①包铭新，曹喆：《国外后现代服饰》，江苏美术出版社，2001，第 73-76 页。

②中国服装设计师协会，广东时尚研究院，北京服装学院编著：《北京时尚论坛——设计中的文化自信表达 / 云定制 · 时尚产业新模式》，中国纺织出版社，2015，第 33 页。

的“凤纹服装”给世界人民留下了深刻印象，服装设计师贺阳以“火凤凰”和祥云的图案进行组合设计，凤凰流动的线条感为奥运会制服增添了活力感、设计感，也在一定程度上增强了民族认同感，此凤纹来自明御赐秦良玉龙凤袍中的凤鸟纹样，凤纹“时运交移，质文代变”，在与奥运服结合的同时得以发扬传统文化，以凤凰涅槃象征奥运圣火所传递的体育精神。换句话说，这种以图案表达凤文化的精神内涵的设计手法充分体现了中华民族向往美好的愿望、不屈的奥运精神。

国内外服装设计师都以各自的见解、设计理念在诠释着融入中国元素的设计，纵然设计环境、设计手法有所差异，但对于传统的中国元素的运用，设计师们作品的异同、优劣，正是我们现代服装设计者和服饰文化研究者探索的方向和内容。以更加恰当的表现手法再现中国传统文化、展现凤凰的神采，以“中国设计”将传统与现代的沟通与连接找到更佳契合点。

二、高级定制服装中的凤

关于高级定制服装，学术界将其定义为：一种为少数具有高品质生活方式的群体所服务的单量裁手工定制服装，由其服装品牌的顶级设计师专门打造。具有“六个高级”的特征，即高级的设计、材料、做工、价格、穿着者、穿着场合。主要的类别是用于不同场合的礼服类。①

①许才国，鲁兴海编著：《高级定制服装概论》，东华大学出版社，2009，第 5-6 页。

近年来，得益于中国经济的快速发展，中国的服装消费市场前进势头迅猛，逐渐成为国际品牌争夺的焦点。其中，不少消费者完全具备消费高级定制服装的经济能力，越来越多的人开始追求更时尚、更个性化的高级定制。“大国风尚”的文化潮流在时尚界大放异彩，国内外服装设计作品中刮起一股强劲的“中国风”潮流，其热度不减，成为时尚领域内新的热门设计元素。因此，高级定制服装成为传承和发扬中国特色文化的

“艺术品”，不少国际品牌以“中国元素”为灵感来源，创造出众多惊艳世人的设计作品。

近年来，中国时尚界的高定服装设计师迅速崛起。在2018年中国国际时装周中，由中国服装设计师、华裔设计师在内的10位设计师共同发起组建了中国高级定制委员会，力求在高定时装领域内保持初心、持之以恒，继续为中国高级定制时装的发展贡献力量。郭培是玫瑰坊品牌的创始人及首席设计师，在她的设计作品中，中国元素是其标志性的主题和设计方向，她以大气磅礴、独特的金线刺绣技艺和极具中国魅力的元素做出了让世界惊艳的服装设计作品。在国际时装周上已经呈现过“轮回”“一千零二夜”“龙的故事”“童梦奇缘”“庭院”等系列，这些系列服装都在用新颖的东方视角向世界传播中国技艺。郭培曾在一次采访中说：“（品牌秀场呈现在国际舞台上时）我不知道他们（西方人）看了是否能够理解？我要是做中国元素的会被他们觉得这个是‘中国’设计师，那我做没有中国元素的，他们会说一个中国设计师，连自己的文化都不去尊重，怎么去获得全世界的尊重？”①因此，郭培在设计的过程中不断思考，力求将自己民族的文化、情感注入服装作品中，她希望能在一件衣服中真实地表达自我，而不是一味地迎合市场需求。

①郭培：《郭培谈高级定制的标准》，《艺术设计研究》2015年第3期，第7页。

在郭培的高定作品中，有两大系列最受瞩目，一是中式嫁衣系列，二是高级礼服系列。在她看来，在世界范围内，各个国家都保留着本民族传统的婚仪服饰，如日本的和服、韩国的“宫中礼服”、西方的白色婚纱，而中国传统的中式嫁衣则见证了民族的变迁与发展，也是一个家庭中血脉传承的印记。品牌成立至今，郭培不仅设有专门的“中国新娘”婚服系列，近年来一直为众多明星量身打造了中式婚服，她将传统的工艺与文化完美结合，在中式婚服的设计中运用现代的设计手法更符合当代大众的审美趣味。中式嫁衣以全新的形象展现，其中凤元素十分增彩，这些婚服设计都是偏于“传统”的样式设计，采用的上下套装的“龙凤喜褂”，即来源于旧时满族吉服的形制，上衣是立领、对襟、收腰、袖子略短的设计，下裙是直筒或下摆外廓的造型，带有直身裙门。整体的刺绣密度在60%—80%，主要是通过大面积地刺绣技艺展现凤的形象。婚服是标准的“凤褂”形制，一般在上衣正中间以金线绣有一只腾飞姿态的凤凰，极其生动，下裙中会结合富贵牡丹、海水云纹的搭配，整体构图显得饱满、均衡，色泽亮丽。同时，也会在传统立领的基础上作出改良，袖型做窄袖的设计，或使用红纱材质，面料上多绣有凤凰，裙子外面还有类似凤尾裙带的搭配，整体上更显飘逸灵巧、富丽堂皇。

广东地区的传统嫁衣采用传统潮绣制龙凤喜褂。潮绣已有一千多年的历史，主要采用钉金绣工艺，纹样以龙凤呈祥、百子千孙、花开富贵等吉祥题材为主，中国丝绸博物馆藏广东名瑞集团的龙凤褂裙，面料采用全真丝的绸缎，上面绣有金银丝线龙凤纹，繁复的工艺塑造了浮雕般的厚重感。在款式上采用左右对襟的立领，上褂下裙的设计，门襟处缀有传统的如意盘扣，下摆还带有流苏，色彩明艳，整套服装显得耀眼夺目。

郭培“中国新娘”高定设计的另外三款婚服采用了将传统嫁衣改良、变形的设计，相较于上个系列，这组嫁衣在形制上脱离了传统，整体刺绣密度高达90%—100%。衣身比例上进行重新分割，增加上衣的长度至膝下，下裙裙摆长至脚面。最具特色的是对于颈肩部的处理，加入了柳叶式如意云肩，别具一格，衣身上绣有“龙凤呈祥”的纹样。也有婚服选择现代礼服的廓形，整体修身更显纤长，更具立体感。泡泡袖的袖型，点缀了些许西方风格中的高贵和浪漫，衣身上绣有“凤穿牡丹”“百花争艳”的纹样，可谓是“中西合璧”嫁衣样式。

或者是偏向西化的婚纱形制，不仅有性感V领设计，在肩部袖口还有白色流苏点缀，还有西式婚纱中典型的高腰、大摆裙式样，在裙摆边缘上有层叠交错的切割感。整个裙身上是金银线绣“鸾凤和鸣”纹样，配色上清丽淡雅，典雅贵气。

总体看来，郭培早期的高定设计较为偏向于对传统中式嫁衣的改良和创新，以古老的手工艺和带有吉祥寓意的“凤”纹样贯穿其中，将中国人对于祥瑞文化的崇拜与信仰在服装中体现出来，将真切的文化情怀注入一针一线之中，让文化和技艺展现新活力，永远留存。

郭培所创的高级定制礼服也是格外吸引眼球的系列。郭培“庭院”高定礼服系列中，以中式建筑为主要灵感来源，颇具中式风格的金色的竹子、花卉、屋檐等元素展现别样风采，闲庭信步、鸟语雀鸣的形象在服装纹样的方寸之间得以鲜活起来。为打造皇家庭院般典雅、雍容的意境，此次系列作品在配色上选用了明度较高的粉色调，淡粉、姜黄、粉蓝等，为整个系列营造一种清新感。在图案设计上，此系列着重运用中国传统元素中最具代表的凤凰，与西式的卷草纹、花纹、巴洛克风格的装饰纹相结合，让凤凰的形象多样化起来，以丰富凤凰所代表最高女性的象征意义。此系列中的淡粉色小礼服裙套装，以西式剪裁的西装外套增加流苏的设计，为女性形象增点几分典雅的味道，S形礼服将修身的设计做到极致，将女性凹凸有致的身材展露出来，A字廓形礼服将女性高贵的气质完美衬托出来。在衣身局部上重手工刺绣，视觉中心集中在颈肩部，映衬出女性脖颈的柔美。最亮眼的莫过于腰带的设计，繁复的刺绣图案更显精致，作为衣身的分割处，营造一种收放自如的视觉效果。这些礼服整体上做工精湛、纹饰华丽，其中涉及大量的凤鸟纹样，意在以凤凰的精神气质烘托女性从容、自信的形象，以及强大、坚定的内心情感。

在2019年的春夏高定时装秀中，郭培带领着她的“高定王国”来到有着当代艺术殿堂之称的巴黎。在此次的系列中，“东宫”是设计的主题，将创世神话、东方宇宙观融入服装设计美学中。“东宫”代表着东方宫廷，所以颇具东方情调的建筑、神灵、哲学思想都是特色的设计要素。在精神思想的表达上，此系列不仅有神秘的阴阳五行学说的文化，还将东方文化中的瑞兽青龙、朱雀、金乌、凤凰、腾蛇、麒麟聚集在一起，共同打造的是东方所追求的的精神净土。在造型设计上，以后现代的解构设计手法将东方宫廷中的典型纹样进行了拆分，将其融入传统的中式服装、西方现代裁剪中，使得造型独具东方色彩又带有夸张的戏剧化表现。此系列除了重工刺绣的精湛工艺外，还有对新型面料的应用。将金属漆皮的粗纺软呢、亮片、肌理感面料与传统的点翠、缠金、盘金绣法融合，将都市摩登感和复古情怀，糅合得十分巧妙。整体上将西方复古、典雅与东方神秘、雅致进行了极致的结合，在形式美感和艺术法则上的融合做到极致。

郭培作为中国高级定制服装设计师的代表，在设计的道路上收到鲜花掌声无数，但仍然被外界否定和批判过。在早期的作品中出现过设计模式固化、思维保守的设计，也有过被质疑其设计作品“不温不火”。然而，回溯从2013年的“中国新娘”，到2016年的“庭院”，到2019年的“东宫”系列，我们越发能够感受到设计师的真诚和执着探索的设计态度。在一步步的设计探索中，郭培的作品是“进步”式样的，在一定程度上打破了西方对于中国服饰文化的固化印象，让世界看到中国设计师的实力和突破。她将中国文化中独有的韵味和西式裁剪进行天马行空的搭配，将中国传统元素与高级时装融合打造成殿堂级的艺术精品。在商业和艺术属性上找到了平衡点，其设计观念的革新更加符合当代审美，让我们在服装艺术品中感受到深厚的民族文化。

三、大众成衣中的凤

成衣是近代服装行业内的专业术语，是服装工业化大生产的加工方式，区别于非工业化生产的服装，专指服装企业按服装标准号型批量化生产的服装。与“时装”的意义有所不同，成衣在服装风格上更加功能化、平民化。其主要特征在于：实施计划性、商业规范性、设计完整性。成衣作为服装现代化的产物，主要分类为高级成衣和大众成衣。①

①丰蔚主编：《新成衣设计》，中国水利水电出版社，2012，第 4-8 页。

近年来在我国服装行业的发展中刮起一股“中国风”热潮，传统的中国元素开始以新的形式展现在大众的衣食住行中，大众对于这种元素的运用也十分追捧。事实上，中国元素融入现代服装设计符合当前市场的需求。首先，我国服装行业现状表明市场竞争中需要具有中国元素的“中国创造”时尚服装。其次，当今服装设计融入中国元素所带来的前卫、新潮的服装也被我国消费群体接受和喜爱。最后，着眼当下“文化自信”的时代精神和要求，需要中西设计师对中国传统文化的把握与创新，既要在现代服装设计中传递文化内涵，又以适宜的手法传递时尚讯息。传统吉祥纹样中的祥鸟瑞兽元素是众多成衣品牌会优先选择的设计元素。作为中国传统吉祥图案中最经典的装饰纹样之一，凤纹样随不同情境在不断地演变和发展，形式有变，所蕴含的文化内涵不断焕发出新的艺术魅力。近年来的成衣设计开始逐渐向大众扩散。当今物质生活丰富，消费者更加关注超脱物质之外的精神追求，现代服装设计师正是抓住了这一时代特征，以“活在当下”的艺术精神将含有民族精神的艺术元素融入现代设计中，不仅顺应当下的时代潮流，也更具有市场商业价值，这一点对于传统文化的传承和服装设计的现代语言具有深远的意义。

从服装设计层面看，深厚的传统文化元素可以为大众成衣设计增加灵感。需要注意的是，凤文化元素在成衣中的运用并非像高级定制时装中重手工的繁复刺绣，而是以或抽象、或非对称的形式呈现，或摆脱循规蹈矩般的图案设计，以更加多样化的设计和更加适应大批量生产的工艺手法实现。雅莹集团作为现代中国服装品牌的中坚力量，一直专注于传统工艺的探索，以当代审美趣味打造高雅的穿着方式。在旗下女装品牌雅莹（YAYING）2017 年秋冬时尚大片中，设计师从中国传统文化中汲取灵感，以哲学思维对传统古典美学进行全新的诠释。主要以盛唐时期皇太后的凤袍为创作原型，将凤凰、牡丹、祥云的纹样组合进行现代图案再造设计。举例来说，以凤凰、卷草纹和缂丝珍品《九阳消寒图》的复原图案设计来描绘古典风韵；配合颇具东方古风的场景设置，此系列将东方美学的气质以视觉化的图像展现出来，使服装更显高雅和考究。尤其是此系列中的一款桑蚕丝印花连衣裙，此款单品面料为桑蚕丝，在造型设计上采用简洁大方的 A 字廓形连衣裙，彰显女性优雅的喇叭袖。图案设计上，采用现代数码印花手法重现凤凰、花卉、海水云崖纹样，纺织印染技术摆脱了传统草木染技术，相比手工刺绣工艺节省了生产成本和周期。

在雅莹品牌 2018 年秋冬系列设计中，雅莹品牌的设计团队再次从华夏图腾文化中汲取灵感，从《山海经》中寻找隐秘的东方哲学奥义。以朱雀、青龙、麒麟这三种上古神灵物象作为主要图案设计的原型。朱雀源自于远古星宿崇拜，代表着火与吉祥。青龙象征着东方和春季，龙图腾亦是中华民族的身份标识。麒麟主太平、长寿，象征吉祥和幸福。此系列的设计理念融合东方古典文化和西方现代审美时尚。雅莹品牌与新锐新媒体艺术家张依楠合作，创作三幅灵兽画作，以连衣裙、西装的单品形式展现，在摩登现代设计中不乏东方的古香古韵。

金步摇品牌将楚文化中灵动的楚凤形象作为设计元素。金步摇品牌设计的服装在色彩方面分别选择了淡雅的青荷色、楚艺术中浓重的黑色和深红色，款式上有休闲长裙、旗袍、长款对襟开衫以及男装西服，分别在细节处增加了中式服装的结构设计。在纹样选择上，主要以刺绣和织锦工艺重现了楚凤华丽的风采，图案中的凤鸟头戴高冠、身姿飘逸、或行走、或伸展飞翔，与卷曲的花草纹组合。整体设计中，女装显得飘逸灵动、男装则传递出大气、沉稳的感觉。（图 6-1、图 6-2、图 6-3）

总体看来，大众成衣中凤的形象更加现代，表现形式更为活泼多样。追求创新、高品质的设计工作者一方面致力于对传统文化元素的设计实践，同时又不拘泥于东方服装的形式，从而使得凤与服饰相互成就，相得益彰。

四、独立服装设计中的凤

提及中国服装行业的原创设计，有学者将中国原创设计师品牌的发展历程总结为以下三代，第一代是在 20 世纪 90 年代初时装行业起步时，第一代设计师如张肇达、王新元、刘洋、吴海燕等通过与企业合作的方式引导自身品牌的发展；第二代是 21 世纪初具有明显文化概念风格的设计师，如王一扬、马可等，他们以人文艺术设计为理念，创新地展开了以设计师为核心的品牌营销形式；第三代是从第二代中开始向生活方式理念转型的部分设计师，

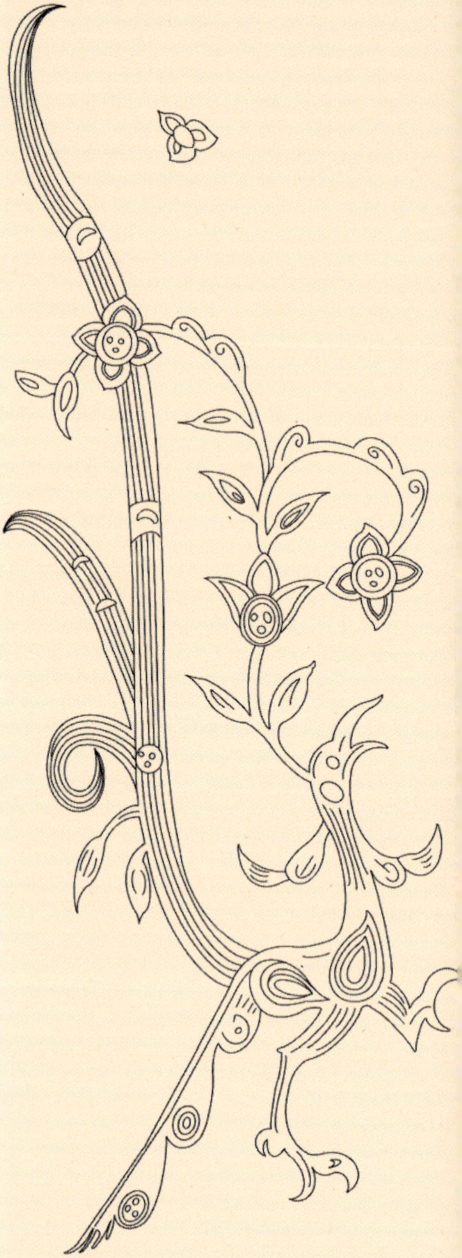

图 6-1 金步摇服饰系列凤纹手绘图

图 6-2 金步摇服饰系列凤纹手绘图

图 6-3 金步摇服饰系列凤纹手绘图

还有一批接受过西方时尚教育、追求和倡导个性自由的独立设计师，如上官喆、王汁、王逢陈等，他们借助互联网、新媒体的平台展开全新的营销模式。

在一众独立设计的原创品牌中，有不少坚持传承中华文化的设计师，在近年来的秀场中有着不俗的表现，例如，吉承 2017 年春夏“遛园舞凤”系列作品。吉承品牌创立于 2002 年，一直倡导低调、精致的设计理念，在其设计中以颠覆性的手法将中国元素与西方设计方式混合，打造独特的中国传统风格。在此系列中，设计师将百鸟之王的神秘与高贵隐藏在充满个性的西式剪裁之下，符合现代生活方式的美学理念和当下流行趋势，整体设计含蓄而不乏性感。在女装款式设计上，设计师将衬衫单品改造成独具时尚感的长款，看似“松垮”的廓形使女装在中性之中又有几分慵懒的气质。而凤凰图腾则是由精致的刺绣工艺打造，以凤凰的细节造型和“园中”花鸟鱼虫的形象营造一种大自然中的灵动之美。在女装细节设计上，长裙所搭配的腰封配饰格外吸引眼球。大型蝴蝶结的造型设计配合立体刺绣的金凤凰形象，匠心独运。此系列的男装，主要以休闲款式为主，长款衬衫和宽松棒球服都是主要的廓形。凤凰图案以单独的银线刺绣为主，在简洁的款式中增加高级感。在面料的选择上，将咖啡渣以多元化的再生手法提炼出仅含有 2% 纤维成分的面料，不仅亲肤、透气，更将环保观念贯穿其中。整体设计不仅将中国元素的标识融进极简主义中，立意深远，还以独特的视角打造出非凡的复古时尚感。

同样在 2017 年春夏时装周中，另一个中国独立设计师品牌发布了充满“中国风味”的时装系列，与吉承品牌极简风设计理念不同的是，此系列更具趣味性，如此便是密扇（MUKZIN）“满汉全席”系列。密扇品牌成立于 2014 年，品牌主理人是独立设计师韩雯和冯光。虽然成立时间较短，两位设计师在最短的时间内迅速在国内潮牌占领市场，其倡导的“潮范中国风”设计概念为当代年轻人所喜欢。对于中国元素的运用，密扇从不循规蹈矩，一直在尝试做潮范中疯狂的“玩家”，反叛却极具创新意识。此前已有过将“桃花扇”“西游记”等古典元素作为灵感来源的设计系列，此次的“满汉全席”系列借代表中国古代宫廷中最高规格筵席为表意，以浓厚、繁多的中国古典元素展开设计。设计师认为，古典神秘的中国元素仿佛一种精神烙印，将其运用在服装中，设计便有了灵魂。在当下“东方热”的语境下，东西结合的设计方式更像是过去与现代的对话，隐秘而充满戏谑感。在此系列中，设计师主要以仙鹤、凤凰、鹿、大白兔奶糖、小笼包、餐具等作为设计元素，看似毫无关联的元素组合却营造出别样的趣味感。以刺绣和数码印花结合的手法将图案进行特殊化的转换，配以极具先锋性质的西式剪裁，在整体色彩的选取上跨度较大，但各种颜色使用的分量恰当，丰富而不混乱。系列在单品搭配组合上十分丰富，完成度很高。另外，在模特的妆容上，设计师选择以 20 世纪 90 年代香港女星的晕染妆打造极其浓郁的复古风潮。密扇以视觉呈现“用膳”的情境，“满汉全席”的意境中带有荒谬和怪诞，转而传达设计师所构建的截然不同的中国风尚。在其设计思维的谱系中，中国元素糅杂古典与摩登、东方和西方、精简和繁复。凤文化元素未来又会在服装中展示怎样的风采，设计师会继续寻找答案。

总体而言，中国的独立设计师在一定程度上还是带给我们许多惊喜，古老的凤文化元素在众多年轻一代设计师手中开始呈现别样的风貌。对于独立设计师的未来之路，一味地强调创新设计或许不足够。如何维系受众当下消费语境中与设计产品的关系，如何将品牌做出影响力，如何打造有认知度、辨识度的服装品牌，或许是下一步亟待改进之处。

第三节　凤与中国现代饰品设计

随时代脚步的加快，中国现代饰品设计在世界范围内的交流增多，饰品设计呈现出多元的发展局面，如何将设计中赋予的文化内涵向世界传播，发扬民族特色是中国现代设计师应该思考的问题。传统文化中的凤元素内涵丰富、意蕴深远，为现代饰品设计的创作带来了无穷的灵感，带有浓郁民族气息的凤文化为现代饰品设计开辟独具特色的道路，为中国饰品设计展示文化魅力具有重要意义。

一、中国现代饰品设计的新特点

从广义来看，饰品指以各种材料所制成的用于美化人体各个部位的装饰品，主要品类有头饰、面饰、带饰、胸饰、足饰、实用饰品共七大类别。饰品制作所用原材料种类繁多，且属性跨度很大。同时，饰品所表现的内容极其广泛，是服饰的重要组成部分。

古代饰品中，作为女性高贵和典雅的象征，凤的形象频频出现，上至皇后、贵妃的凤凰礼冠、下至平常女性的花钿凤钗，可见凤元素在女性妆饰中应用十分广泛。在古名物中，我们可以看到：唐代凤鸟衔枝鎏金金银簪，宋代白玉镂雕凤凰坠、云凤钗首金步摇，明代定陵皇后的凤冠、金云霞凤纹帔坠，清代金累丝凤钿、点翠嵌珠宝凤钿……总之，凤凰脱胎于原始的图腾文化中，是中国古代美学的文化根性，凤文化传递的吉祥意念寄托了人们的感情，在古代饰品发展中颇受人们的喜爱。同样地，传统的凤凰造型和凤的文化意蕴为现代饰品设计带来了极为丰富的设计素材。

我国现代饰品的发展进入到一个崭新的阶段，商业饰品发展状态良好，已有不少设计师在商业饰品中做出非常有益的尝试。许多高校开设了饰品设计相关专业，从事饰品设计的人员增多，高校教师和学生队伍里的设计力量也为饰品行业注入活力。[①]同时，在现代的饰品设计中，各种材料和技法的创新应用为饰品设计带来无限可能性，这使得现代饰品在设计创作中摆脱了古代那般繁复的工序，现代的艺术法则使饰品设计相对更加自由和多元。整个行业的平稳发展为现代饰品的创新设计提供了更多的可行路径，中国传统文化元素也开始大行其道，凤元素在饰品设计的应用表现不俗。

①郭新编著：《珠宝饰品设计》，上海人民美术出版社，2014，第28-29页。

关于凤元素在现代饰品设计中的应用，以设计学的角度来说，有学者认为关键要解决两大问题：一是凤凰“形”的表现，二是凤文化中“神”的传承。现代饰品设计并非是直接的“拿来主义”，而是要以现代设计手法、造型语言、形式美法引申出凤文化的深刻含义。对于设计手法，则归纳为几种类型。就图案表现手法而言，主要可分为平面装饰法、立体造型法；造型风格上可分为卡通造型法、具体形象造型、抽象造型、极简造型、夸张造型、局部替代整体造型、仿古造型。[②]总之，凤文化中人文情怀的积淀是中华民族独特的符号，凝聚了华夏精神和中华儿女的无限情感，凤元素在现代饰品中的应用是传统文化与现代美学的完美结合。

②张莉：《现代饰品设计对古代饰品文化的继承与发展——剖析龙凤文化在饰品设计中的应用》，中国地质大学硕士学位论文，2008，第13-21页。

二、现代“凤形”饰品撷萃

通过回溯中国饰品的发展历程，我们可以了解到一个时期内的工艺美术风格对于饰品的设计起决定性作用。现代饰品的设计风格则是对于当下时尚审美的具体表现。结合消费者的心理诉求，自由而包容的社会环境使得现代饰品设计品质更高、富有趣味性。

依据搜集的资料来看，凤在现代饰品设计中主要以两种形式出现，即婚嫁饰品和时装秀场饰品。首先，关于婚嫁饰品的设计，凤凰隐喻和美的婚姻爱情，其蕴含的吉祥文化在消费市场中十分流行，这里以我国百年珠宝饰品品牌老凤祥为例。老凤祥具有悠久的品牌历史，在文化的传承与创新方面不断突破，是目前国内珠宝饰品行业的佼佼者。在其品牌的饰品系列中，“凤”系列是数年来的主题设计元素。在中国婚博会上展示的千足金“凤之系列”，其中包含凤凰项链、手镯、耳环、胸饰。此系列主要以黄金打造，以精雕细琢的特殊工艺将凤凰的形象融入黄金饰品中，在设计中传达吉祥、和美的寓意。

在品牌建立170周年之际，老凤祥再次以凤为主要设计元素，推出了钻石“凤之”系列，包括婚戒、耳钉和挂饰。此系列完整而灵动，结合西方潮流风尚，以钻石全新演绎品牌文化。借凤凰作为“美”的化身，以宝石中最璀璨的钻石镶嵌刻画凤凰的形象。此系列中“凤之雅”耳钉和挂饰，以黄金材质打造流畅线条感的凤冠和凤尾部分，以钻石铺满组成凤凰的身体部分，在挂饰中心是一颗晶莹剔透的四爪镶钻石。“凤之语”为戒指，以K金戒托和白色钻石打造，曲线戒托象征着火焰，寓意凤凰涅槃后的真爱情怀。“凤之灵”为耳钉和耳环，以四爪钻石打造凤凰羽翼轻舞时灵动姿态，凤凰相谐起舞的意境寓意婚恋美满。整个系列以钻石开发设计产品，通过凤凰的文化内涵和艺术魅力吸引消费者。

香港麒麟珠宝品牌在2016年推出的“天作之合”和“国王与王后”的系列饰品。其品牌设计师一直追求东西方美学的整合，将现代设计元素以传统的工艺创造出来。在婚戒设计上，设计师秉持“方圆相契”的理念和“阴阳相和”的设计美学，在方形婚戒中以圆角修饰，象征中国哲学中天圆地方、天作之合意涵。龙凤的高贵和神秘浪漫为男女款系列的灵感来源，在婚戒和手镯设计中，将龙凤的局部夸张表现，龙凤首尾相连寓意恋人相伴，以红宝石点缀和钻石在白金和玫瑰金材质上点缀，寓意感情历经时间的检验，终成正果。

除此之外，近年来的时装秀场之中，饰品设计往往能体现设计师的匠心独具，在整个服装系列展示中能起到画龙点睛之效。一场完整且吸引人的秀场，离不开与主题相配合的饰品。例如 2019 年郭培“东宫”春夏高定时装秀场中的头饰设计。为了贴合此次的设计主题，设计师将龙凤图腾的元素融入头饰设计中，以金步摇、凤钗等古典、传统的造型为主，在发簪、耳饰、挂坠等配饰上融合了龙凤的形象。金碧辉煌的龙凤形象为模特整体形象更增添高贵、典雅的韵味，搭配系列中的高定礼服设计，完美地契合主题，可谓是锦上添花之笔。可以说，中国现代饰品设计需要具有独特的魅力和感召力，充分发挥起本民族的艺术和文化特色是关键。在传统文化中不断地汲取创作灵感，更能引起受众的共鸣，将古老的艺术形式注入现代新的活力，传承民族文化、发扬民族精神。

千百年来，凤凰所代表的“和美”理念深入人心，其中蕴含的东方哲学是我国民族文化的宝贵财富，凤文化中隐含的吉祥瑞意是人们共同的美好期待，也是华夏儿女增强民族认同感的重要标识。在现代设计中，大众的审美趋势和新的艺术法则使凤元素在服装设计中屡屡创新，凤元素的应用也为高定时装带来华贵、典雅的意境，为大众成衣带来精致、多元的品质。在饰品设计中，凤元素以古老的艺术形式在婚嫁饰品中歌咏真爱、寓意美满；在时装秀场中，凤元素以配饰的点缀姿态为时尚舞台的完整增添色彩。

包含丰富文化内涵的凤凰在现代设计中为中国设计贡献力量，而在未来的发展中，我们更应该关注流行趋势和设计手法的创新，打破固有的设计思维，以更加宏观的视角和更具文化意蕴的元素诠释“中国设计”，凤元素与中国服装的发展前景，未来可期，与之共勉。

结　语

服饰，是人类最基本的物质资料之一，也是人们精神文化生活的重要组成部分，它犹如一面多棱镜，能够折射出着装者的身份地位、品味格调、心理状态，同时也能反映某个时代的物质文化水平和精神风貌。中国服饰文化是以中原地区汉民族文化为主体，在漫长的历史演变中，不断吸收其他少数民族服饰文化，并且融合儒、释、道等文化形态，从而形成多元统一的服饰文化体系。由于中国自古以“衣冠礼仪之邦”而著称于世，中国服饰中的图案、色彩、材质、廓形款式等要素蕴含着丰富多彩的文化象征意涵。其中，凤纹服装和凤型饰品贯穿古今，成为中国服饰文化中兼具审美功能和社会文化功能的艺术符号。

在古代社会，动物不仅是祖先神灵在人世的使者，还是不同人群或氏族的标志。人们相信，凤具有向阳、达天、自新、崇高、好洁、示美等特性，由此演绎出秉德、兆瑞、比帝、喻妃、喻情、成王等象征意味。服饰是凤艺术形象、文化内涵演变和表现的主要载体，通过服饰，我们可以领略几千年来凤的形神变化。从远古时期的稚拙古朴，到殷周时期的狰狞严肃，发展至汉魏时期的纤瘦飘逸，唐代的丰腴绚丽、雍容华贵，宋代的清丽幽雅，明清时期的精细工整、富贵华美等，体现了不同时代艺术审美趣味。反过来，在中国服饰发展历程中，凤是其主要装饰母题，是不同民族、不同地区、不同宗教服饰文化交流的明证。例如，魏晋时期的服饰吸收和融合了许多北方少数民族和西域地区的艺术元素，在联珠凤凰纹锦中，凤凰纹周边环绕着联珠纹，便是从波斯装饰艺术中借鉴而来。

凤在服饰文化发展过程中也身兼数职，承担着极其重要的社会功能。首先，凤扮演着神巫使者角色。屈原在《离骚》中描绘他游历昆仑时，“驷玉虬以乘鷖兮，溘埃风余上征”。“前望舒使先驱兮，后飞廉使奔属。鸾皇为余前戒兮，雷师告余以未具。吾令凤凰飞腾兮，继之以日夜。”玉虬是无角的白龙，鷖则是凤凰的别名，说明当时的人们相信，龙凤是帮助他们通天达神的神兽神鸟。因此，凤是祭祀和崇拜的对象，服饰中的凤鸟一般以玉佩为载体，或英武神秘，或古朴典雅，但大多与着装者的身份地位匹配。其次，凤也是极具装饰意味的灵物，服饰上的凤鸟与漆器、玉器上的凤鸟一样，常与云纹相伴，显得灵动而神秘。再次，凤在服饰文化中又是多重宗教融合的象征。汉魏时期，凤被纳入道教和佛教信仰之中，是得道之人升天的工具和守护神。此时的服饰凤纹多与忍冬纹、莲花纹等代表佛、道信仰的图案搭配在一起。最后，服饰中的凤纹是统治者实现有效社会管理的工具。在古代，服饰的制作基本上依赖手工，昂贵的布料和工艺往往为统治阶层享有，对于服饰图案、服饰色彩和服饰材质的使用也有诸多规定。服饰成为标识社会等级和身份地位的工具。在宫廷服饰文化中，凤的等级区隔功能发挥得淋漓尽致。凤的存在与否，凤之多寡，制作工艺的精细程度是区别古代宫廷着装者身份等级的主要标识。帝王在生活中以凤自喻，在服饰中以凤装饰自身，借以彰显其权力与地位的合法性、神圣性。皇后可以戴凤冠、饰凤纹，其他等级则禁用凤纹装饰，用以昭示身份，宣示其等级特权。在官员服饰中，凤可以用来象征，也可以用来说教，更可以用来装饰，凤身体的各个部位所附加的德才内涵，以及庞大的家族成员共同承袭了凤的诸多寓意，从而丰富了官员服饰文化。

在民间服饰文化中，凤是祈福纳祥的重要符号，表达着百姓对吉祥如意、美好生活愿景的期盼，成为服饰中喜闻乐见、广为应用的图案，同时也反映了着装者对宫廷服饰品味的模仿。唐以后，凤逐渐褪去神巫色彩，在人们心中的地位和形象变得可亲起来。在某些特定场合，饰凤佩凤的行为帮助人们跨越社会区隔，实现阶层飞跃。统治阶层为了慰藉和安抚百姓，允许女子在婚配场合穿着凤冠霞帔。再者，晚明晚清时期，挑战服饰禁忌，擅用凤纹装饰的服饰行为也屡屡出现。甚至，以凤命名的凤尾裙有时并无凤之踪影，诗词中的凤簪、凤钗等指代也许并无凤形，仅仅作为女子指代意象，抑或是对吉祥瑞意的向往。

在婚仪服饰中，凤又化身为喻情、寄情和传情工具，象征着爱情、婚姻美满和谐以及生命繁衍的丰富内涵。

对畲族、苗族、瑶族等少数民族而言，凤鸟与他们的民族起源相关，是他们的保护神之一。历史上的战争或环境因素促使他们不断经历着族群迁徙，但他们只有语言，没有文字，一般通过口口相传的神话和诗歌来确认其宗族起源和历史，同时，他们将民族的历史和神话穿在身上，服饰中的凤鸟形象千姿百态，成为确认族群归属，表达对祖先或保护神崇拜尊敬之情的重要工具。

现代服饰文化中，凤的政治伦理功能弱化直至消失，但其文化符号象征功能占据上风，其民俗寓意作为传统文化中的优秀部分被传承下来，在世界范围内，凤成为中华民族文化认同的重要符号。在现代服饰设计领域，中西服装设计师对凤元素的提取和运用十分普遍。由于其审美文化的差异，中西设计师对凤的表现方式呈现出多元化的设计景观。传统服饰凤纹一方面以婚庆、礼仪服饰面貌存在；另一方面又以解构、碎片化的装饰手法与现代服饰结合，象征着中华传统文化精神。

总而言之，凤代表着民族腾飞的理想，其精髓为“和美”，既是和的产物，也是美的集合。凤与中国服饰的融合，不仅增添了后者的艺术审美，还具有丰富的社会文化功能。时至今日，全球化浪潮和信息化浪潮使得文化多样性得到重视，与凤有关的服饰愈加丰富多彩，成为强化炎黄子孙身份认同的重要符号。因此，我们需要正确认识、系统梳理凤的文化内涵和演变过程，深入了解凤与中国服饰之间的关系，以开放的姿态，将凤文化元素与时代服饰审美结合起来，创造“各美其美，美人之美，美美与共，天下大同”的文化世界。凤文化的传承与发展，对中华民族而言，具有重要的凝聚和传承作用，对世界文化发展而言，则具有丰富和推动作用。

参考文献

著作

白静生．班兰台集校注［M］．郑州：中州古籍出版社，1991.

陈元靓．岁时广记［M］．北京：中华书局，2020.

崇彝．道咸以来朝野杂记［M］．上海：上海古籍出版社，1982.

丛志强．消费主义语境下当代中国设计生态研究［M］．北京：中国纺织出版社，2018.

丁山．中国古代宗教与神话考［M］．上海：上海世纪出版集团，2011.

范晔，李贤．后汉书［M］．北京：中华书局，1965.

房玄龄，等．晋书［M］．北京：中华书局，2000.

弗雷德·英格利斯．文化［M］．南京：南京大学出版社，2008.

何宁．淮南子集释［M］．北京：中华书局，1998.

何新．说龙谈凤［M］．北京：时事出版社，2004.

何新．诸神的起源［M］．北京：北京工业大学出版社，2007.

黄能馥．龙凤图集［M］．天津：杨柳青画社出版社，1986.

黄彰健．明实录［M］．北京：中华书局，2016.

贾公彦．周礼注疏［M］．北京：中华书局，1980.

冷芸．中国时尚：对话中国服装设计师［M］．北京：中国纺织出版社，2014.

李林甫，等．唐六典［M］．北京：中华书局，1992.

刘城淮．中国上古神话［M］．上海：上海文艺出版社，1988.

刘昫，等．旧唐书［M］．北京：中华书局，1975.
牛天伟，金爱秀．汉画神灵图像考述［M］．郑州：河南大学出版社，2009.
欧阳修．欧阳修全集［M］．北京：中华书局，2001.
庞进．凤图腾［M］．北京：中国和平出版社，2006.
彭定求，等．全唐诗［M］．郑州：中州古籍出版社，2008.
皮道坚．楚艺术史［M］．武汉：湖北美术出版社，2012.
钱济鄂．凤凰考［M］．台湾：宏文艺苑出版社，2001.
阮元．十三经注疏［M］．北京：中华书局，1980.
沈从文．古人的文化［M］．北京：中华书局，2014.
沈从文．龙凤艺术［M］．北京：北京十月文艺出版社，2010.
司马迁．史记［M］．北京：中华书局，1959.
宋濂，等．元史［M］．北京：中华书局，1976.
孙希旦．礼记集解［M］．北京：中华书局，1989.
泰勒．原始文化［M］．蔡江浓，译．杭州：浙江人民出版社，1988.
陶醉．亲历风尚：风尚时代中的他们以及品牌或区域［M］．北京：中国纺织出版社，2015.
托马斯·卡莱尔．拼凑的裁缝［M］．马秋武，等译．桂林：广西师范大学出版社，2004.
脱脱，等．宋史［M］．北京：中华书局，1997.
王金华．中国传统服饰——云肩肚兜［M］．北京：中国纺织出版社，2017.
王维堤．龙凤文化［M］．上海：上海古籍出版社，2000.
王先谦．庄子集解［M］．北京：中华书局，1954.
夏承焘，吴熊和．放翁词编年笺注［M］．上海：上海古籍出版社，1981.
萧统，李善．文选［M］．上海：上海古籍出版社，1986.
徐天麟．西汉会要［M］．上海：上海古籍出版社，2006.
徐雯，刘琦．汉族传统服饰图案经典［M］．北京：中国纺织出版社，2015.
徐兴无．龙凤呈祥［M］．南京：江苏人民出版社，2017.
袁珂．山海经校注［M］．上海：上海古籍出版社，1980.
张国涛．文化传播的中国思考［M］．北京：中国传媒大学出版社，2015.

张觉，等．韩非子译注［M］．上海：上海古籍出版社，2012.
赵尔巽，等．清史稿［M］．北京：中华书局，1977.
赵丰，王乐．敦煌丝绸［M］．兰州：甘肃教育出版社，2013.
周汛，等．中国历代妇女妆饰［M］．上海：学林出版社，1988.

论文

崔荣荣，高卫东．民间服饰品的适用性功能［J］．纺织学报，2009（2）．
娟芳．传统服饰凤纹的文化构成及其典型度［J］．纺织学报，2013（7）．
李嘉，等．壮族织锦艺术的文化意蕴解读［J］．设计艺术研究，2018（1）．
梁惠娥，王静．论近代中国传统首服之眉勒［J］．装饰，2006（10）．
林学伟，连艺华．楚凤文化对服饰设计的影响［J］．艺术科技，2017（12）．
刘晶晶．中国设计原创品牌之服饰篇［J］．装饰，2015（4）．
刘瑞璞．清末民初袍服结构的三种形制［J］．艺术设计研究，2014（3）．
吕建昌．关于殷墟妇好墓玉凤的归属问题［J］．东南文化，1996（12）．
王权，王连根．宋元时期盛行的凤鸟纹铜镜［J］．收藏家，2013（10）．
翁小倩．撒帐习俗的民俗学分析［J］．安徽大学学报，2008（9）．
杨洋，张德玉．满族传统婚姻习俗的民族特色［J］．满族研究，2003（3）．
张振岳，俞敏，崔荣荣．汉、畲族传统服饰凤纹比较研究［J］．前沿，2011（18）．
郑英杰．湘西文化源流略论［J］．吉首大学学报：社会科学版，1996（3）．

普及。到文宗时，又将异文袍的服用超出赏赐范围，制度化为三品以上依官职不同可服鹘衔瑞草或雁衔绶带或对孔雀绫，四品五品可服地黄交枝绫，六品以下常参官可服小团窠绫。再以后不闻有关异文袍的敕文。[1]

可以说，武则天时期的纹饰与品级相联系的创意丰富了中国古代官服等级标示的图像符号，增强了其视觉效果，虽然没有形成完备的制度，但在元代作为胸背装饰传承下来，可以视为明清补服的最早来源。赵丰在《蒙元胸背及其源流》中分析了近十件实物胸背，发现金色图案为元代胸背常用图案，如"蓝地鹰兔纹织金胸背""罗地销金飞凤麒麟纹胸背""水波地云龙纹织金胸背腰线袄""卍字地双兔云龙胸背日月双肩织金大袖袍"等。也有人研究元代胸背装饰题材，发现云龙纹、凤穿牡丹、鹰逐兔、花间卧鹿、纯花卉纹等，都是当时流行纹样。[2]从服饰传承角度来看，唐代将官服纹饰与品级相连，以及元代的服饰胸背装饰，对于明代官服补子的产生是有一定影响的。明代伊始，便宣敕"胡服之禁"，诏复衣冠如唐制。《新唐书·车服志》记载文官官服花式，有鸾衔长绶、鹤衔灵芝、鹊衔瑞草、雁衔威仪、俊鹘衔花、地黄交枝等名目。洪武六年（1373年），朝廷对官服做了新的规定，之后继续修订，洪武二十四年（1391年）定制后基本稳定。《明史·舆服志》载："（洪武）二十四年定，公、侯、驸马、伯服，绣麒麟、白泽。文官一品仙鹤，二品锦鸡，三品孔雀，四品云雁，五品白鹇，六品鹭鸶，七品鸂鶒，八品黄鹂，九品鹌鹑；杂职练雀；风宪官獬豸。武官一品、二品狮子，三品、四品虎豹，五品熊罴，六品、七品彪，八品犀牛，九品海马。"也就是说，明代官员常服的前胸和后背各缀上一种方形丝织物，上面绣有鸟纹、兽纹图案的丝织物，此乃明代官服修订的最大创新之处，元代胸背上无等级差别的龙、凤、麒麟及鹿等其他动物至此有

①李斌城等：《隋唐五代社会生活史》，中国社会科学出版社，2004，第61页。

②王渊：《服装纹样中的等级制度》，中国纺织出版社，2016，第5-6页。

域传入黄河流域和长江流域。联珠环绕中分别以狮凤、斗兽、花卉等为主题图案。[1]其中，菱格狮凤纹是在联珠组成工整的几何形菱格中，分别填饰狮子与凤两种图案。狮子与联珠属于西域外来文化，凤与菱格纹是中国传统图案，狮凤同组显示出中西文化的融汇。莫高窟隋代第420窟中彩塑菩萨的内衣图案是狮、凤相对纹样，学界将其图案构成方式命名为交波骨架。从吐鲁番和青海都兰出土的丝织品来看，交波骨架流行于北朝至初唐。[2]莫高窟427窟的菩萨胸部服装上，也出现了菱格狮凤纹（图2-11）。在新疆藏经洞中，还发现隋朝的列堞骨架凤纹。列堞骨架是指由涡卷状的云气纹构成的曲波形骨架，每层曲波用直线相连，形成类似西方建筑中的拱形柱廊。在藏经洞发现一例红地楼堞龙凤虎纹锦（MAS.926）织物正面为白花红

①谭婵雪：《中世纪服饰》，华东师范大学出版社，2016，第78页。

②赵丰、王乐：《敦煌丝绸》，甘肃教育出版社，2013，第124页。

图2-11 菱格狮凤纹手绘图

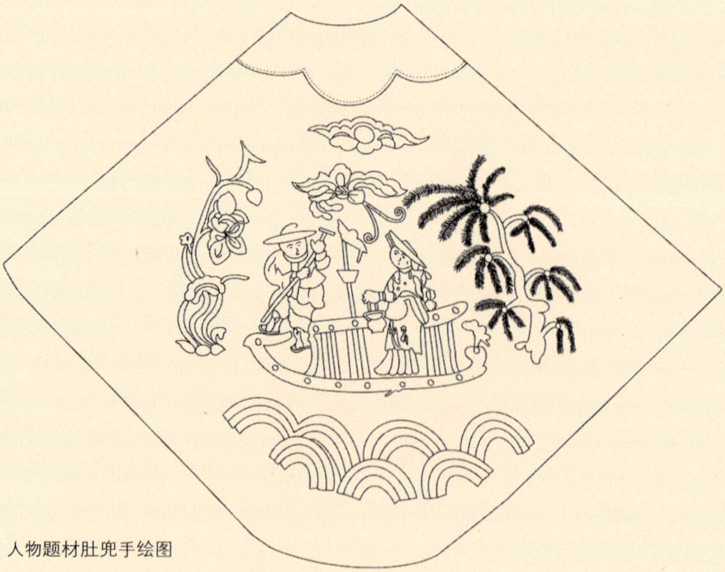

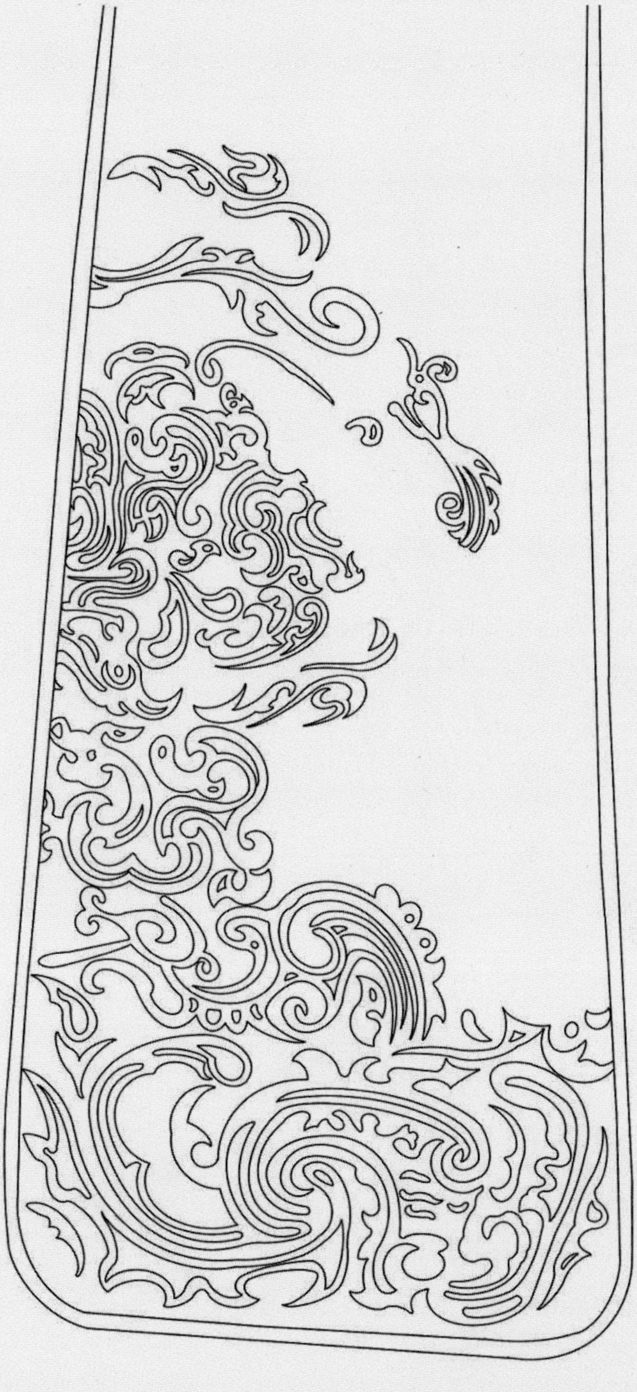

